"十四五"职业教育国家规划教材

大数据技术精品系列教材

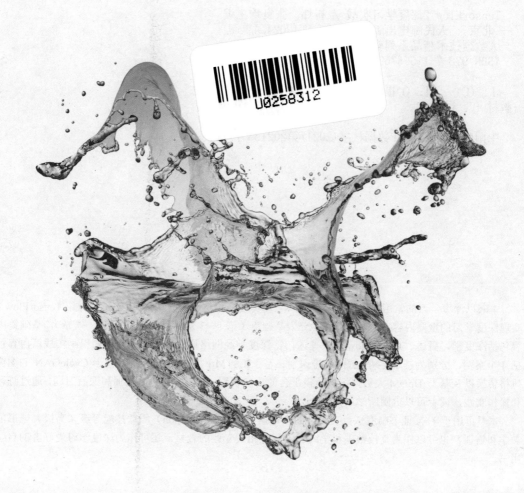

U0258312

TensorFlow 2

深度学习实战

Hands-on Deep Learning with TensorFlow 2

崔炜 张良均 ◉ 主编

刘云翔 吉娜烨 冯军 ◉ 副主编

人民邮电出版社

北京

图书在版编目（CIP）数据

TensorFlow 2深度学习实战 / 崔炜，张良均主编
. -- 北京 ：人民邮电出版社，2021.11（2024.4重印）
大数据技术精品系列教材
ISBN 978-7-115-57590-6

Ⅰ．①T… Ⅱ．①崔… ②张… Ⅲ．①人工智能－算法
－教材 Ⅳ．①TP18

中国版本图书馆CIP数据核字(2021)第202163号

内 容 提 要

本书以深度学习的常用技术与 TensorFlow 2 真实案例相结合的方式，深入浅出地介绍 TensorFlow 2 实现深度学习的重要内容。全书共 7 章，分为基础篇（第 1～3 章）和实战篇（第 4～7 章），基础篇内容包括深度学习概述、TensorFlow 2 快速入门、深度神经网络原理及实现等基础知识；实战篇内容包括 4 个案例，分别为基于 CNN 的门牌号识别、基于 LSTM 网络的语音识别、基于 CycleGAN 的图像风格转换以及基于 TipDM 大数据挖掘建模平台的语音识别。本书多章包含实训和课后习题，通过练习和操作实践，读者可以巩固所学的内容。

本书可用于 1+X 证书制度试点工作中的大数据应用开发（Python）职业技能等级（高级）证书的教学和培训，也可以作为高校数据科学或人工智能相关专业的教材，还可作为深度学习爱好者的自学用书。

- ◆ 主　　编　崔　炜　张良均
　　副 主 编　刘云翔　吉娜烨　冯　军
　　责任编辑　初美呈
　　责任印制　王　郁　焦志炜
- ◆ 人民邮电出版社出版发行　　北京市丰台区成寿寺路 11 号
　　邮编　100164　电子邮件　315@ptpress.com.cn
　　网址　https://www.ptpress.com.cn
　　三河市君旺印务有限公司印刷
- ◆ 开本：787×1092　1/16
　　印张：12　　　　　　　　　　2021 年 11 月第 1 版
　　字数：281 千字　　　　　　　2024 年 4 月河北第 4 次印刷

定价：49.80 元

读者服务热线：(010)81055256　印装质量热线：(010)81055316
反盗版热线：(010)81055315
广告经营许可证：京东市监广登字 20170147 号

宋汉珍（承德石油高等专科学校）　　宋眉眉（天津理工大学）

张　敏（广东泰迪智能科技　　　　　张尚佳（广东泰迪智能科技
　　　　股份有限公司）　　　　　　　　　　股份有限公司）

张治斌（北京信息职业技术学院）　　张积林（福建工程学院）

张雅珍（陕西工商职业学院）　　　　陈　永（江苏海事职业技术学院）

武春岭（重庆电子工程职业学院）　　林智章（厦门城市职业学院）

官金兰（广东农工商职业技术学院）　赵　强（山东师范大学）

胡支军（贵州大学）　　　　　　　　胡国胜（上海电子信息职业技术学院）

施　兴（广东泰迪智能科技　　　　　秦宗槐（安徽商贸职业技术学院）
　　　　股份有限公司）　　　　　　　韩宝国（广东轻工职业技术学院）

韩中庚（信息工程大学）　　　　　　蔡　铁（深圳信息职业技术学院）

蒙　飚（柳州职业技术学院）　　　　薛　毅（北京工业大学）

谭　忠（厦门大学）

魏毅强（太原理工大学）

序 FOREWORD

随着大数据时代的到来，移动互联网和智能手机迅速普及，多种形态的移动互联网应用蓬勃发展，电子商务、云计算、互联网金融、物联网、虚拟现实、智能机器人等技术不断渗透并重塑传统产业，而与此同时，大数据当之无愧地成为新的产业革命的核心。

2019 年 8 月，联合国教科文组织以联合国 6 种官方语言正式发布《北京共识——人工智能与教育》。其中提出，各国要制定相应政策，推动人工智能与教育系统性融合，利用人工智能加快建立开放、灵活的教育体系，促进全民享有公平、高质量、适合每个人的终身学习机会。这表明基于大数据的人工智能应用和教育均进入了新的阶段。

高等教育是教育系统中的重要组成部分。高等院校作为人才培养的重要载体，肩负着为社会培育人才的重要使命。2018 年 6 月 21 日的新时代全国高等学校本科教育工作会议首次提出了"金课"的概念。"金专""金课""金师"迅速成为新时代高等教育的热词。如何建设具有中国特色的大数据相关专业，以及如何打造世界水平的"金专""金课""金师""金教材"是当代教育教学改革的难点和热点。

实践教学是在一定的理论指导下，通过实践引导，使学习者获得实践知识、掌握实践技能、锻炼实践能力、提高综合素质的教学活动。实践教学在高校人才培养中有着重要的地位，是巩固和加深理论知识的有效途径。目前，高校大数据相关专业的教学体系设置过多地偏向理论教学，课程设置冗余或缺漏，知识体系不健全，且与企业实际应用契合度不高，学生无法把理论转化为实践应用技能。为了有效解决该问题，"泰迪杯"数据挖掘挑战赛组委会与人民邮电出版社共同策划了"大数据技术精品系列教材"，这恰与 2019 年 10 月 24 日教育部发布的《教育部关于一流本科课程建设的实施意见》（教高〔2019〕8 号）中提出的"坚持分类建设""坚持扶强扶特""提升高阶性""突出创新性""增加挑战度"原则完全契合。

"泰迪杯"数据挖掘挑战赛自 2013 年创办以来，一直致力于推广高校数据挖掘实践教学，培养学生数据挖掘的应用和创新能力。挑战赛的赛题均为经过适当简化和加工的实际问题，来源于各企业、管理机构和科研院所等，非常贴近现实热点需求。赛题中的数据只做必要的脱敏处理，力求保持原始状态。竞赛围绕数据挖掘的整个流程，从数据采集、数据迁移、数据存储、数据分析与挖掘，到数据可视化，涵盖了企业应用中的各个环节，与目前大数据专业人才培养目标高度一致。"泰迪杯"数据挖掘挑战赛不依赖于数学建模，甚至不依赖传统模型的竞赛形式，因而在全国各大高校反响热烈，且得到了全国各界专家学者的认可与支持。2018 年，"泰迪杯"增加了子赛项——数据分析技能赛，为应用型本科、高职和中职技能型人才培养提供理论、技术和资源方面的支持。截至 2021 年，全国共有超 1000 所高校，约 2 万名研究生、9 万名本科生、2 万名高职生参加了"泰迪杯"数据挖掘挑战赛和数据分析技能赛。

本系列教材的第一大特点是注重学生的实践能力培养，针对高校实践教学中的痛点，首次提出"鱼骨教学法"的概念。以企业真实需求为导向，使学生学习技能时紧紧围绕企业实际应用需求，将学生需掌握的理论知识，通过企业案例的形式进行衔接，达到知行合一、以用促学的目的。第二大特点是以大数据技术应用为核心，紧紧围绕大数据应用闭环的流程编写。本系列教材涵盖了企业大数据应用中的各个环节，符合企业大数据应用真实场景，使学生从宏观上理解大数据技术在企业中的具体应用场景及应用方法。

在教育部全面实施"六卓越一拔尖"计划 2.0 的背景下，对如何促进我国高等教育人才培养体制机制的综合改革，以及如何重新定位和全面提升我国高等教育质量，本系列教材将起到抛砖引玉的作用，从而加快推进以新工科、新医科、新农科、新文科为代表的一流本科课程的"双万计划"建设；落实"让学生忙起来，管理严起来和教学活起来"措施，让大数据相关专业的人才培养质量有一个质的提升；借助数据科学的引导，在文、理、农、工、医等方面全方位发力，培养各个行业的卓越人才及未来的领军人才。同时本系列教材将根据读者的反馈意见和建议及时改进、完善，努力成为大数据时代的新型"编写、使用、反馈"螺旋式上升的系列教材建设样板。

汕头大学校长
教育部高校大学数学课程教学指导委员会副主任委员
"泰迪杯"数据挖掘挑战赛组织委员会主任
"泰迪杯"数据分析技能赛组织委员会主任

2021 年 7 月于粤港澳大湾区

前 言 PREFACE

在 大数据时代，各类数据呈爆发式增长，尤其是图片、语音、文本等高维、非结构化，但蕴含丰富价值的数据越来越多。面对纷繁复杂的数据，人们需要新工具和新方法，以快速从中提取出有价值的信息，从而为企业经营和科技应用提供正向帮助。深度学习作为一门前沿技术，广泛应用于计算机视觉、语音识别、自然语言处理等领域。同时，人工智能作为"十四五"规划中的重点新兴产业，其重要技术分支之一便是深度学习，故深度学习技术的商业价值极其明显，而有实践经验的深度学习人才更是各企业竞相争夺的对象。为了满足日益增长的深度学习人才需求，很多高校也已开设不同程度的深度学习课程。深度学习作为大数据和人工智能时代的核心技术，必将成为高校相关专业的重要课程之一。

本书特色

在全面建设社会主义现代化国家新征程中，如何为国家培养急需人才，是高职教育急需解决的问题，通过科学教育满足企业需求人才，落实科教兴国战略。

本书全面贯彻党的二十大精神，以社会主义核心价值观为引领，加强基础研究、发扬斗争精神，为建成教育强国、科技强国、人才强国、文化强国添砖加瓦。本书内容契合 1+X 证书制度试点工作中的大数据应用开发（Python）职业技能等级（高级）证书考核标准，结合大量深度学习工程案例及教学经验，以深度学习常用技术和 TensorFlow 2 真实案例相结合的方式，深入浅出地介绍深度学习基本概念、TensorFlow 2 使用方法、深度神经网络原理及实现，以及深度学习技术在常见领域的经典实战案例。本书以应用为导向，通过实训和课后练习使读者巩固所学知识，真正理解并能利用所学知识来解决问题。本书大部分内容紧扣实际应用展开，不堆积知识点，着重于思维的启发与解决方案的实施。通过学习本书，读者能在很大程度上理解与掌握 TensorFlow 2 深度学习技术。

本书适用对象

- 开设有深度学习课程的高校的学生。
- 深度学习应用的开发人员。
- 从事深度学习应用研究的科研人员。

● 1+X 证书制度试点工作中的大数据应用开发（Python）职业技能等级（高级）证书考生。

代码下载及问题反馈

为了帮助读者更好地使用本书，本书配有原始数据文件、Python 程序代码，以及 PPT 课件、教学大纲、教学进度表和教案等教学资源，读者可以从泰迪云教材网站免费下载，也可登录人民邮电出版社教育社区（www.ryjiaoyu.com）下载。同时欢迎教师加入 QQ 交流群"人邮大数据教师服务群"（669819871）进行交流探讨。

由于编者水平有限，加之编写时间仓促，书中难免出现一些疏漏和不足之处。如果读者有更多的宝贵意见，欢迎在泰迪学社微信公众号（TipDataMining）回复"图书反馈"进行反馈。更多本系列图书的信息可以在泰迪云教材网站查阅。

编　者

2023 年 5 月

泰迪云教材

目录 CONTENTS

第1章　深度学习概述·············1

1.1　深度学习简介············1
1.1.1　深度学习定义·········1
1.1.2　深度学习常见应用·······2

1.2　深度学习应用技术········8
1.2.1　深度学习与计算机视觉····8
1.2.2　深度学习与自然语言处理··9
1.2.3　深度学习与语音识别····10
1.2.4　深度学习与机器学习····11
1.2.5　深度学习与人工智能····12

1.3　TensorFlow 简介········12
1.3.1　各深度学习框架对比····12
1.3.2　TensorFlow 生态·······14
1.3.3　TensorFlow 特性·······15
1.3.4　TensorFlow 的改进·····16

小结···················17
课后习题················17

第2章　TensorFlow 2 快速入门·······18

2.1　TensorFlow 2 环境搭建·····18
2.1.1　搭建 TensorFlow CPU 环境·····18
2.1.2　搭建 TensorFlow GPU 环境·····20

2.2　训练一个线性模型········24
2.2.1　问题描述··········24
2.2.2　TensorFlow 2 基本数据类型形式···24
2.2.3　构建网络··········26
2.2.4　训练网络··········27
2.2.5　性能评估··········27

2.3　TensorFlow 2 深度学习通用流程·28
2.3.1　数据加载··········29
2.3.2　数据预处理········34

2.3.3　构建深度学习神经网络···39
2.3.4　编译网络··········45
2.3.5　训练网络··········51
2.3.6　性能评估··········53
2.3.7　模型保存与调用······61

小结···················65
实训　构建鸢尾花分类模型·····65
课后习题················66

第3章　深度神经网络原理及实现·······67

3.1　卷积神经网络··········67
3.1.1　卷积神经网络中的核心网络层····68
3.1.2　基于卷积神经网络的图像分类实例·····82
3.1.3　常用卷积神经网络算法及其结构·····84

3.2　循环神经网络··········88
3.2.1　循环神经网络中的常用网络层····89
3.2.2　基于循环神经网络的文本分类实例·····99

3.3　生成对抗网络·········103
3.3.1　常用生成对抗网络算法及其结构···103
3.3.2　基于生成对抗网络的动漫人脸生成实例·····106

小结··················112
实训··················112
实训 1　基于卷积神经网络的手写数字图像识别·····112
实训 2　基于循环神经网络的诗词生成····113
实训 3　基于生成对抗网络的手写数字图像生成·····113
课后习题···············113

第4章 基于CNN的门牌号识别········116

4.1 目标分析················116

4.1.1 了解背景·············116

4.1.2 数据说明·············117

4.1.3 分析目标·············117

4.1.4 项目工程结构··········118

4.2 数据预处理············119

4.2.1 获取目标与背景数据·····119

4.2.2 基于HOG特征提取与SVM分类器的
目标检测·············122

4.3 构建网络··············127

4.3.1 读取训练集与测试集····128

4.3.2 构建卷积神经网络·····128

4.3.3 训练并保存模型·······129

4.4 模型评估·············130

4.4.1 模型性能评估········130

4.4.2 识别门牌号··········130

小结····················133

实训 基于卷积神经网络实现单数字
识别

课后习题················134

第5章 基于LSTM网络的语音识别···135

5.1 目标分析·············135

5.1.1 了解背景·············135

5.1.2 数据说明·············136

5.1.3 分析目标·············136

5.1.4 项目工程结构··········136

5.2 数据预处理············137

5.2.1 划分数据集···········137

5.2.2 提取MFCC特征·······138

5.2.3 标准化数据··········141

5.3 构建网络··············142

5.3.1 设置网络超参数·······142

5.3.2 构建网络层··········143

5.4 训练网络··············144

5.4.1 编译网络············144

5.4.2 训练以及保存模型·····145

5.4.3 模型调参············145

5.5 模型评估·············148

5.5.1 泛化测试···········148

5.5.2 结果分析···········149

小结····················150

实训 基于LSTM网络的声纹识别···150

课后习题················151

第6章 基于CycleGAN的
图像风格转换··········152

6.1 目标分析·············152

6.1.1 了解背景·············152

6.1.2 分析目标·············153

6.1.3 项目工程结构··········154

6.2 读取数据··············154

6.3 数据预处理············155

6.3.1 随机抖动············155

6.3.2 归一化处理图像·······156

6.3.3 对所有图像做批处理并打乱···157

6.3.4 建立迭代器··········157

6.4 构建网络··············158

6.5 训练网络··············158

6.5.1 定义损失函数········158

6.5.2 定义优化器··········159

6.5.3 定义图像生成函数····159

6.5.4 定义训练函数········160

6.5.5 训练网络············161

6.6 结果分析·············162

小结····················163

实训 基于CycleGAN实现苹果与
橙子的转换··········163

课后习题················163

第7章 基于TipDM大数据挖掘建模
平台的语音识别········164

7.1 平台简介·············164

7.1.1 实训库·············165

7.1.2 数据连接············166

7.1.3 实训数据···········166

7.1.4　我的实训 ···············167
7.1.5　系统算法 ···············168
7.1.6　个人算法 ···············170
7.2　实现语音识别 ···············170
7.2.1　配置数据源 ·············171
7.2.2　数据预处理 ·············173
7.2.3　训练网络 ···············176
7.2.4　模型评估 ···············176
小结 ·····························178
实训　实现基于 LSTM 网络的声纹
　　　识别 ·····················178
课后习题 ·························178

第 1 章 深度学习概述

深度学习的最终目标是让机器能够像人一样具有学习和分析能力，并且能够识别文字、图像和声音等数据，推进大数据与人工智能复合型人才培养，提升综合技术能力，实现科教兴国战略。深度学习能够让机器模仿视听和思考等人类的行为活动，从而解决很多复杂的模式识别难题，使得人工智能相关技术取得了很大进步。将深度学习与各种实际应用相结合也是一项重要工作。本章将介绍深度学习的基本内容，深度学习与计算机视觉、自然语言处理、语音识别、机器学习、人工智能等应用领域的必要背景知识，以及 TensorFlow 的基本内容。

学习目标

（1）了解深度学习的基本定义和应用领域。

（2）了解常见的深度学习应用技术。

（3）了解常见的深度学习框架。

（4）熟悉深度学习框架 TensorFlow 的生态和特性。

1.1 深度学习简介

深度学习目前在很多领域的表现都优于传统机器学习算法，这些领域包括图像分类及识别、语音识别、语音合成、机器翻译、人脸识别、视频分类及行为识别等。

香港中文大学研究团队开发了一个名为 DeepID（深分证）的深度学习模型，在 LFW（Labeled Faces in the Wild）数据库中的人脸识别上达到了 99.15% 的识别率，超过目前非深度学习算法以及人类能够达到的识别率。深度学习技术在语音识别领域更是取得了突破性的进展。2009 年，杰弗里·欣顿（Geoffrey Hinton）和邓力将深度神经网络用于声学模型的构建，以替代高斯混合模型，使用了深度神经网络后，语音识别的词错误率相对高斯混合模型降低了 30%，同时他们发现，在训练数据足够的情况下，并不一定需要进行预训练。

1.1.1 深度学习定义

在 2015 年出版的《自然》杂志第 9 期中，介绍了与深度学习定义相关的内容——深度学习方法是具有多层次特征描述的特征学习，通过一些简单但非线性的模块将每一层特征描述（从未加工的数据开始）转化为更高一层的、更为抽象的特征描述。深度学习的关键在于这些层次的特征不是由人工设计的，而是使用一种通用的学习步骤从数据中学习获取的。

2006 年，欣顿首次提出深度学习的概念。2012 年，8 层深层神经网络 AlexNet 发布，并在图片识别竞赛中取得了优异的成绩，展现了深层神经网络强大的学习能力。此后数十层、数百层，甚至上千层的深度神经网络（神经网络将在第 2 章介绍）模型被相继提出。通常将利用深层神经网络实现的算法称为深度学习。深度学习解决的核心问题之一就是如何自动地将简单的特征组合成更加复杂的特征，并使用这些特征解决问题。深度学习是机器学习的一个分支，它除了可以学习特征和任务之间的关联之外，还能自动从简单特征中提取更加复杂的特征。

虽然相比其他机器学习领域的研究人员而言，深度学习领域的研究人员更多地受到大脑工作原理的启发，媒体也经常强调深度学习算法和大脑工作原理的相似性，但现代深度学习的发展并不拘泥于模拟人脑神经元和人脑的工作机制。现代的深度学习已经超越了神经科学的范畴，它可以更广泛地适用于各种并不是受神经网络启发而产生的机器学习框架。

1.1.2 深度学习常见应用

深度学习算法已经广泛应用于人们生活的方方面面，如手机中的语音助手、汽车上的智能辅助驾驶、商店中的人脸支付等。深度学习在物体检测、视觉定位、物体测量、物体分拣、图像分割、图像标题生成、图像风格变换、图像生成、情感分析、无人驾驶、机器翻译、文本到语音转换、手写文字转录、图像分类等方面均有应用。

1. 物体检测

物体检测就是从图像中确定物体的位置，并对物体进行分类。根据图像进行检测如图 1-1 所示。

物体检测是机器视觉工业领域最主要的应用之一，几乎所有产品都需要检测（或检查），例如，硬币边缘字符的检测（如 1 元硬币侧边增强的防伪功能，为了严格控制生产过程，在造币的最后一道工序安装了视觉检测系统）、图案印刷过程的套色定位和校色检查、饮料瓶盖的印刷质量检查、玻璃瓶的缺陷检测等。

图 1-1　物体检测

人工检测存在着较多的弊端，如准确率低，而工人长时间工作后的准确率更是无法保障；检测速度慢，容易影响整个生产过程的效率。因此，机器视觉在物体检测的应用方面就显得非常重要。

物体检测比物体识别更难。原因在于物体检测需要从图像中确定物体的位置，有时图像中还可能存在多个物体。对于这样的问题，人们提出了多种基于卷积神经网络（Convolutional Neural Network，CNN）的方法，这些方法有着非常优秀的性能。

在使用卷积神经网络进行物体检测的方法中，有一种叫作 R-CNN（Reqion-CNN）的方法。R-CNN 是较早运用在物体检测上的较为成熟的方法，运用 R-CNN 可以提高训练和测试的速度，同时提高检测精度。R-CNN 由图像输入层、候选特征提取层、卷积神经网络计算特征层和分类区域层组成。

2. 视觉定位

视觉定位要求快速、准确地找到被测零件并确认其位置，如图 1-2 所示。在半导体封装领域，设备需要通过机器视觉技术取得的芯片位置信息以调整拾取头、准确拾取芯片并进行绑定。这就是视觉定位在机器视觉工业领域的基本应用。

3．物体测量

在日常生活中，物体测量通常是对物体的质量、长度、高度、体积等进行测量。在机器视觉工业领域，通常使用非接触光学进行物体测量，如图 1-3 所示，可测量的物体有汽车零部件、齿轮、半导体元件管脚等。

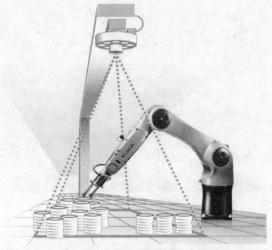

图 1-2 视觉定位

图 1-3 非接触光学测量

4．物体分拣

物体分拣是通过机器视觉技术对图像中的目标进行检测和识别，实现自动分拣，如图 1-4 所示。在工业领域，物体分拣常用于食品分拣、零件表面瑕疵识别与自动分拣、棉花纤维分拣等。同时，物体分拣在物流、仓库中的运用更为广泛。在分拣过程中，机器按照物品种类、物品大小、出入库的先后顺序等对物体进行分拣。

5．图像分割

图像分割是指将图像分割成若干个特定的、具有独特性质的区域并采集目标物的技术和过程，它是介于图像处理与图像分析之间的关键步骤。现有的图像分割方法主要分为 4 类：基于阈值的分割方法、基于区域的分割方法、基于边缘的分割方法和基于特定理论的分割方法。图像分割的过程是将数字图像划分成互不相交的区域的过程。图像分割的过程也是一个标记过程，即为属于同一区域的像素赋予相同的编号。对街道车辆图像进行分割的结果如图 1-5 所示。

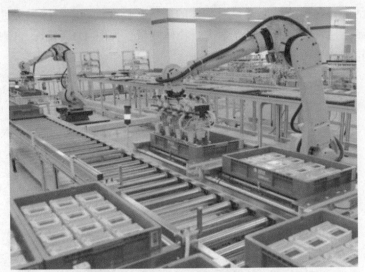

图 1-4　物体分拣

图 1-5　图像分割

6. 图像标题生成

针对一幅图像，系统会自动生成介绍这幅图像的文字，这种实现基于神经图像标题（Neural Image Caption，NIC）模型。该模型由深层的卷积神经网络和基于自然语言处理的循环神经网络（Recurrent Neural Network，RNN）构成。卷积神经网络提取图像特征，循环神经网络生成文本。输入图 1-6 所示的原图像，可以生成"一群人正在骑马""一群人正在草原上骑马"或"一群人正在蓝天白云下的草原上享受骑马"等标题。

7. 图像风格变换

图像风格变换利用了卷积神经网络可以提取高层特征的功能，不在像素级别进行损失函数的计算，而是将原图像和生成图像都输入一个已经训练好的神经网络里，在得到的某种特征表示上计算欧氏距离（内容损失函数）。这样得到的图像与原图像内容相似，但像素级别不一定相似，且所得图像更具鲁棒性。输入两幅图像，计算机会生成一幅新的图像。输入的两幅图像中，一幅称为"内容图像"，如图 1-7 所示；另一幅称为"风格图像"，如图 1-8 所示。如果将梵高的绘画风格应用于内容图像上，那么深度学习会按照要求绘制出该风格的输出图像，如图 1-9 所示。

图 1-6　原图像

图 1-7　内容图像

图 1-8　风格图像

图 1-9　输出图像

8. 图像生成

不需要另外输入任何图像，只要前期使用大量的真实图像让网络进行学习，即可由网络自动"画出"新的图像。有一种技术就能实现这种需求。目前常见的生成模型有 VAE 系列、GAN 系列等。其中 GAN 系列算法近年来取得了巨大的进展，最新的 GAN 模型生成的图像效果达到了肉眼难辨真伪的程度。GAN 模型生成的风景图像如图 1-10 所示。

9. 情感分析

情感分析的核心问题就是从一段文字中判断作者对主体的评价是好评还是差评，即针对通用场景下带有主观描述的中文文本，利用深度学习算法自动判断该文本的情感极性并给出相应的置信度。情感极性分为积极、消极、中性或更多维的情绪。情感分析的例子如图 1-11 所示。

图 1-10　GAN 模型生成的风景图像

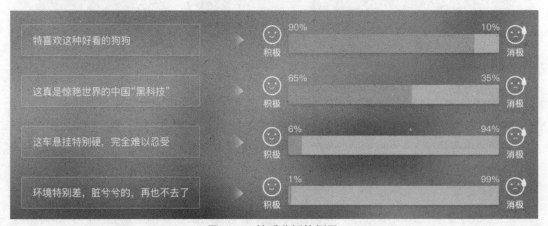

图 1-11　情感分析的例子

10. 无人驾驶

无人驾驶被认为是强化学习技术短期内能落地的一个应用方向，很多公司（如百度、Uber 等）投入大量资源在无人驾驶上，百度的无人巴士"阿波龙"已经在北京、武汉等地展开试运营。无人驾驶的行车视野如图 1-12 所示，主要利用深度学习算法，结合传感器来指挥和操纵车辆，从而构建一个完全智能调度的移动出行网络。

图 1-12　无人驾驶的行车视野

11. 机器翻译

常用的机器翻译模型有 Seq2Seq、BERT、GPT、GPT-2 等，其中 OpenAI 提出的 GPT-2 模型参数量高达 15 亿，发布之初甚至以技术安全考虑为由拒绝开源 GPT-2 模型。

目前深度学习在机器翻译领域也取得了很大的进展，如科大讯飞的翻译机支持多语种（英语、日语、韩语、西班牙语、法语等）离线翻译、拍照翻译，更厉害的是，四川话、河南话、东北话、山东话等方言也能被顺利翻译。除了日常的对话外，其翻译范围覆盖多个行业，如外贸、能源、法律、体育、电力、医疗、金融、计算机等。科大讯飞翻译机如图 1-13 所示，其实时翻译记录如图 1-14 所示。

图 1-13　科大讯飞翻译机　　　　图 1-14　科大讯飞翻译机实时翻译记录

12. 文本到语音转换

从文本中生成人类的语音，通常被称为文本到语音转换（Text To Speech，TTS），它有许多的应用，是语音驱动的设备、导航系统和视力障碍辅助设备中不可缺少的工具。从根本上说，文本到语音转换能让人在不需要视觉交互的情况下与应用或设备进行互动。百度研究院发布的 Deep Voice 是一个文本到语音转换系统，完全由深度神经网络构建。文本到语音转换将自然语言的文本很自然、流畅地变为语音，也因此出现了语音小说。

13. 手写文字转录

手写文字转录是指自动识别用户手写的文字，并将其直接转化为计算机可以识别的文字。对用户手写文字字形进行提取，利用文本行的水平投影进行行切分，以及利用文本行的垂直投影进行字切分，然后将提取的用户手写文字字形特征向量与计算机文字的字形特征向量进行匹配，并建立用户手写体与计算机字体的对应关系，生成计算机可识别的文字。

14. 图像分类

图像分类的核心是从给定的分类集合中，为图像分配一个标签。实际上，图像分类是分析一个输入图像并返回一个将图像分类的标签。标签总是来自预定义的分类集合。利用深度学习算法可以对猫的图像进行分类，如图 1-15 所示。

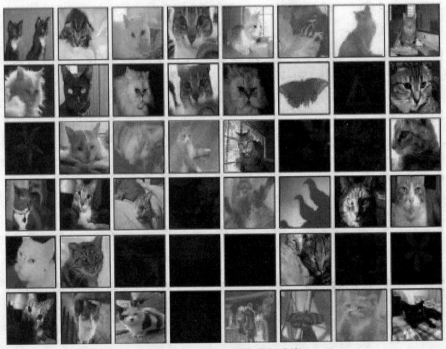

图 1-15　对猫的图像进行分类

1.2　深度学习应用技术

深度学习兴起于图像识别，但是在短短几年时间内，深度学习就被推广到了机器学习的各个领域。如今，深度学习在很多领域都有非常出色的表现，这些领域包括语音识别、图像识别、游戏、搜索引擎、机器人、生物信息处理、化学、网络广告投放、医学自动诊断和金融等。

1.2.1　深度学习与计算机视觉

计算机视觉是深度学习技术最早取得突破性成就的领域。从 2010 年到 2011 年，基于传统机器学习的算法并没有带来正确率（预测正确的样本数量占总样本数量的比例）的大幅度提升。在 2012 年的 ImageNet 大规模视觉识别挑战赛（ImageNet Large Scale Visual Recognition Challenge，ILSVRC）中，欣顿教授带领的研究小组利用深度学习技术在 ImageNet 数据集上将图像分类的错误率（预测错误的样本数量占总样本数量的比例）降到了 16%。从 2012 年到 2015 年，通过对深度学习算法的不断研究，在 ImageNet 数据集上实现图像分类的错误率以较大的幅度递减，这说明深度学习完全突破了传统机器学习算法在图像分类上的技术瓶颈，图像分类问题得到了更好的解决。

在 ImageNet 数据集上，深度学习不仅突破了图像分类的技术瓶颈，也突破了物体识别的技术瓶颈（物体识别的难度比图像分类的难度更高）。图像分类问题只需判断图像中包含哪一种物体，但在物体识别问题中，需要给出图像中所包含物体的具体位置，而且一幅图像中可能出现多个需要识别的物体，所有可以被识别的物体都需要用不同颜色的方框标注出来。

在物体识别领域中，人脸识别是应用非常广泛的技术，它既可以应用于娱乐行业，又可以应用于安防、风控领域。在娱乐行业中，基于人脸识别的相机自动对焦、自动美颜等功能已经成为每一款自拍软件的必备功能。在安防、风控领域，人脸识别应用更是大大地提高了工作效率并节省了人力成本。例如，在互联网金融行业，为了控制贷款风险，在用户注册或发放贷款时需要验证本人信息，个人信息验证中一个很重要的步骤是验证用户提供的证件照和用户本人是否一致，通过人脸识别技术，可以更为高效地实现该步骤。

在计算机视觉领域，光学字符识别（Optical Character Recognition，OCR）也是使用深度学习技术较早的领域之一。早在 1989 年，卷积神经网络就已经成功应用到识别手写邮政编码的问题上，实现了接近 95% 的正确率。在 MNIST（Modified National Institute of Standards and Technology）手写体数字识别数据集上，最新的深度学习算法可以实现 99.77% 的正确率，这也超过了人类的表现。

光学字符识别的深度学习技术在工业界的应用十分广泛，在 21 世纪初期，杨立昆（Yann LeCun）教授将基于卷积神经网络的手写体数字识别系统应用于银行支票的数额识别，此系统在 2000 年左右处理了美国 10%~20% 的支票。Google 将数字识别技术用在了 Google 地图的开发中，实现的数字识别系统可以从 Google 街景图中识别任意长度的数字，并在 SVHN（Street View House Number）数据集上达到 96% 的正确率。除此之外，Google 图书通过文字识别技术将扫描的图书数字化，从而实现图书内容的搜索功能。

1.2.2 深度学习与自然语言处理

自然语言处理（Natural Language Processing，NLP）是计算机科学中令人兴奋的领域，它涉及与人类交流，包含机器理解、解释和生成人类语言的方法，有时也将它描述为自然语言理解（Natural Language Understanding，NLU）和自然语言生成（Natural Language Generation，NLG）。传统的 NLP 采用基于语言学的方法，其模型是基于语言的基本语义和句法元素（如词性）构建的。现代深度学习算法可避开对中间元素的需求，并且可以针对通用任务学习其自身的层次表示。

1966 年，NLP 咨询委员会的报告强调了机器翻译从流程到实施成本面临的巨大困难，投资方相应地减少了在资金方面的投入，使得 NLP 的研究几乎停滞。1960 年到 1970 年这十年是世界知识研究的一个重要时期，该时期强调语义而非句法结构。在这个时代，研究人员着重于探索名词和动词之间的语法，期间出现了处理短语的增强过渡网络，以及以自然语言回答的语言处理系统 SHRDLU，随后又出现了 LUNAR 系统，即一个将自然语言理解与基于逻辑的系统相结合的问答系统。在 20 世纪 80 年代初期，语法阶段来临了，语言学家开发了不同的语法结构，并开始将表示用户意图的短语关联起来，开发出许多 NLP 工具，如 SYSTRAN、METEO 等，在翻译、信息检索中被大量使用。

20 世纪 90 年代是统计语言处理时代，在大多数基于 NLP 的系统中，使用了许多新的处理数据的方法，例如使用语料库进行语言处理或使用基于概率和分类的方法处理语言数据。

21 世纪初，在自然语言学习会议上，出现了许多有趣的 NLP 研究，例如分块、命名实体识别和依赖解析等。在此期间，一系列相关研究成果诞生，如约书亚·本吉奥（Yoshua Bengio）提出的第一个神经语言模型，使用查找表来预测单词。随后提出的许多基于递归神经网络和长短时记忆网络的模型被广泛使用。其中帕宾（Papineni）提出的双语评估模型直到今天仍作为机器翻译的度量标准。

此后出现的多任务学习技术使得机器可以同时学习多个任务，米科洛夫（Mikolov）等人提高了本吉奥提出的训练词嵌入的效率，并通过移除隐藏层产生 Word2Vec，在给定附近单词的情况下准确预测中心单词。

通过学习大量数据集，这些密集的表示形式能够捕获各种语义和关系，从而可以完成诸如机器翻译之类的各种任务，并能够以无监督的方式实现"转移学习"。

随后出现的基于序列学习的通用神经网络模型，由编码器神经网络处理输入序列，由解码器神经网络根据输入序列状态和当前输出状态来预测输出。这在机器翻译和问题解答方面都取得了不错的应用效果。

1.2.3　深度学习与语音识别

深度学习在语音识别领域取得的成绩也是突破性的。2009 年，深度学习算法被引入语音识别领域，并对该领域产生了巨大的影响。在 TIMIT（The DARPA TIMIT Acoustic-Phonetic Continuous Speech Corpus）数据集上基于传统的混合高斯模型（Gaussian Mixed Model，GMM）的错误率为 21.7%，而使用深度学习模型后错误率从 21.7% 降低到 17.9%。如此大的下降幅度很快引起了学术界和工业界的广泛关注。从 2010 年到 2014 年，在语音识别领域的两大学术会议 IEEE ICASSP 和 INTERSPEECH 上，深度学习的文章呈现出逐年递增的趋势。

在工业界，包括 Google、Apple、Microsoft、IBM、百度等在内的国内外大型 IT 公司都提供了语音识别相关产品。2009 年，Google 启动语音识别的应用时，使用的是混合高斯模型。到 2012 年，基于深度学习的语音识别模型已取代混合高斯模型，并成功将 Google 语音识别的错误率降低了 20%，这个改进幅度超过了过去很多年的总和。基于深度学习的语音识别应用到了各个领域，其中广为人知的是 Apple 公司推出的 Siri 系统。Siri 系统可以对用户的语音输入进行识别并完成相应的操作，这在很大程度上方便了用户的使用。目前，Siri 系统支持包括汉语在内的 20 多种语言。Google 也在安卓（Android）操作系统上推出了与 Siri 类似的 Google 语音搜索（Voice Search）。

另外一个成功应用语音识别的系统是 Microsoft 的同声传译系统。在 2012 年的微软亚洲研究院（Microsoft Research Asia，MSRA）21 世纪计算大会上，Microsoft 高级副总裁理查德·拉什德(Richard Rashid)现场演示了 Microsoft 开发的从英语到汉语的同声传译系统。同声传译系统不仅要求计算机能够对输入的语音进行识别，而且要求计算机将识别出来的结果翻译成另外一门语言，还要将翻译好的结果通过语音合成的方式输出。在深度学习诞生之前，完成同声传译系统中的任意一个部分都是非常困难的。而随着深度学习的出现和发展，语音识别、机器翻译以及语音合成都实现了巨大的技术突破。如今，Microsoft 研发的同声传译系统已经被成功地应用到 Skype 网络电话中。

1.2.4　深度学习与机器学习

图 1-16 很好地展示了深度学习（Deep Learning，DL）和机器学习（Machine Learning，ML）的关系。深度学习是机器学习的一个子领域，它除了可以学习特征和任务之间的关联以外，还能自动从简单特征中提取更加复杂的特征。

机器学习是人工智能（Artificial Intelligence，AI）的一个子领域，与人工智能一样，机器学习不是一种替代技术，而是对传统程序方法的补充。机器学习是根据输入和输出编写算法，最终获得一套规则，而传统程序是根据输入，编写一套规则，从而获得理想的输出。传统程序和机器学习的流程对比，如图 1-17 所示。

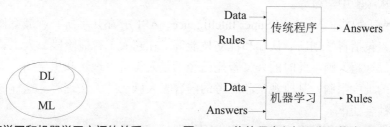

图 1-16　深度学习和机器学习之间的关系　　　图 1-17　传统程序和机器学习的流程对比

大多数机器学习在结构化数据的处理（例如销售预测、推荐系统和个性化营销）上表现良好。影响机器学习效果的一个重要环节是特征工程，数据科学家需要花费大量时间来构建合适的特征，从而使机器学习算法能够正常执行且取得满意的效果。但在某些领域，例如计算机视觉和自然语言处理的特征工程则面临着高维度问题的挑战。对于计算机视觉的特征工程中面临的高维度问题，使用典型的机器学习技术（例如线性回归、随机森林等）来解决就非常具有挑战性。如一个尺寸为 224×224×3（高度×宽度×通道）的图像（图像尺寸中的 "3" 表示彩色图像中红色、绿色和蓝色通道的值），该图像维度达到 224×224×3=150528 个，如果使用传统机器学习技术进行处理，其特征工程的计算成本将会非常巨大。

深度学习是机器学习的一个特殊分支，传统的机器学习算法通过手动提取特征的方法来训练算法，而深度学习算法能够自动提取特征进行训练。例如，利用深度学习算法来预测图像是否包含面部特征，从而实现对面部特征的提取。其中深度学习网络的第一层检测边缘，第二层检测形状（例如鼻子和眼睛），最后一层检测面部形状或更复杂的结构。每层都基于上一层的数据表示进行训练。

随着图形处理单元（Graphics Processing Unit，GPU）、大数据，以及诸如 Torch、TensorFlow、Caffe 和 PyTorch 等深度学习框架的兴起，深度学习的应用在过去几年中得到了极大的发展。除此之外，大公司共享在庞大数据集上训练的模型，帮助初创企业毫不费力地在多个用例上构建先进的系统。

1.2.5　深度学习与人工智能

人工智能是计算机科学的一个分支，它企图了解智能的本质，并生产一种新的、能以与人类智能相似的方式做出反应的智能机器，对模拟、延伸和扩展人的智能的理论、方法和技术进行研究与开发，是一门技术科学。

人工智能目前分为弱人工智能、强人工智能和超人工智能。

（1）弱人工智能（Artificial Narrow Intelligence，ANI），只专注于完成某个特定的任务（例如语音识别、图像识别和机器翻译等），是擅长于某一方面的人工智能，是为了解决特定的、具体的问题而存在的，大都基于统计数据，并以此构建出模型。由于弱人工智能只能处理较为单一的问题，且并没有达到模拟人脑思维的程度，因此弱人工智能仍然属于"工具"的范畴，与传统的"产品"在本质上并无区别。

（2）强人工智能（Artificial General Intelligence，AGI），属于人类级别的人工智能，在各方面都能和人类比肩，它能够进行思考、计划、解决问题、抽象思维、理解复杂理念、快速学习和从经验中学习等。

（3）超人工智能（Artificial Super Intelligence，ASI），在几乎所有领域都比最聪明的人脑聪明许多，包括科学创新、认知和社交技能等。在超人工智能阶段，人工智能的计算和思维能力已经远超人脑。此时的人工智能已经不是人类可以理解和想象的。人工智能将打破人脑受到的维度限制，其所观察和思考的内容，人脑已经无法理解。这样的人工智能将引起巨大的社会变革。

可以说，人工智能的根本在于智能，而机器学习则是部署支持人工智能的计算方法，深度学习是实现机器学习的一种技术。

1.3　TensorFlow 简介

2015 年，Google 宣布推出全新的机器学习开源工具——TensorFlow，其基于深度学习基础框架 DistBelief 构建而成，主要用于机器学习和深度神经网络，一经推出就获得了较大的成功，并迅速成为用户使用最多的深度学习框架。

1.3.1　各深度学习框架对比

目前，常用的深度学习框架主要有 TensorFlow、Caffe、Keras、Torch、CNTK 等。这些深度学习框架被应用于计算机视觉、自然语言处理、语音识别、机器学习等多个领域。

各类框架的特点如表 1-1 所示。

表 1-1 各类框架的特点

框架	机构	支持语言	优点	缺点
Caffe	BVLC	Python/C++	通用性好，非常稳健，非常快速，性能优异，几乎全平台支持	不够灵活，文档非常贫乏，安装比较困难，需要解决大量的依赖包
Keras	fchollet	Python	语法明晰，文档友好，使用简单，入门较容易	不够灵活，使用受限，用户绝大多数时间是在调用接口，很难深入学习深度学习（DL）的内容
Torch	Facebook	Lua	拥有大量训练好的模型，语法简单、易懂	系统移植性较差，依赖的外部库较多，数据格式比较麻烦，需要通过 mat 等格式中转；使用较为冷门的语言 Lua
CNTK	Microsoft	C++	通用、跨平台，支持多机、多 GPU 分布式训练，训练效率高，部署简单，性能突出，擅长语音方面的相关研究	目前不支持 ARM 架构，限制了其在移动设备上的发挥，社区不够活跃
TensorFlow	Google	Python/C++/Go	设计的神经网络代码简洁，分布式深度学习算法的执行效率高，部署模型便利，迭代更新速度快，社区活跃程度高	非常底层，需要编写大量的代码，入门比较困难。必须一遍又一遍重新发明轮子（封装好的组件、库），系统设计过于复杂

1. Caffe

Caffe（Convolutional Architecture for Fast Feature Embedding，快速特征嵌入卷积结构）是一个高效的深度学习框架，支持命令行、Python 和 MATLAB 接口，既可以在中央处理器（Central Processing Unit，CPU）上运行，又可以在 GPU 上运行。

Caffe 的优点之一是拥有大量训练好的经典模型，如 AlexNet、VGG，以及其他先进的模型，如 ResNet。因为 Caffe 知名度较高，所以被广泛地应用于前沿的工业界和学术界，许多提供源码的深度学习的论文都使用 Caffe 作为实现模型的工具。Caffe 在计算机视觉领域中的应用尤其多，可以用于人脸识别、图像分类、位置检测、目标追踪等。虽然 Caffe 主要面向学术界和研究者，但它的程序运行稳定性较高，代码质量也较高，所以也很适合对稳定性要求严格的生产环境，可以算是第一个主流的工业级深度学习框架。

Caffe 的优点主要是全平台支持和性能优异，缺点是相关说明文档尚不完善。由于 Caffe 开发时间较早，在业界的知名度较高，因此，2017 年，Facebook 推出了 Caffe 的升级版本 Caffe2，目前 Caffe2 已经融入 PyTorch 库中。

2. Keras

Keras 由 Python 编写而成，并将 TensorFlow、Theano 以及 CNTK 作为后端，是深度学习框架中最容易使用的一个。Keras 在代码结构上用面向对象的方法编写，完全模块化并具有可扩展性，其运行机制和说明文档考虑到了用户体验和使用难度，并试图降低复杂算法的实现难度。Keras 支持现代人工智能领域的主流算法，包括前馈结构和递归结构的神经网络，也可以通过封装参与构建统计学习模型。

对于常见的应用来说，使用 Keras 开发的效率非常高，但 Keras 做了层层封装，导致用户无法深入了解深度学习（DL）的内在结构，大部分时间主要是调用各种接口。简而言之，Keras 入门门槛低，但灵活性不足，功能有限。

3. Torch

Torch 是一个科学计算框架，基于较冷门的编程语言 Lua 开发。Torch 在构建算法的过程中具有较强的灵活性和较快的速度，同时使算法构建过程较为简单。Torch 的核心是易于使用的流行神经网络和优化库，同时在实现复杂的神经网络拓扑结构方面具有较强的灵活性。用户可以构建神经网络的计算图，并以有效的方式在 CPU 和 GPU 上将它们并行化。

Torch 在 CPU 上的计算会使用 OpenMP、SSE 进行优化，在 GPU 上的计算会使用 CUDA、cutorch、cunn、cuDNN 进行优化。Torch 还有很多第三方的扩展可以支持 RNN，因此它基本支持所有主流的神经网络。Torch 中新的层依然需要用户自己实现，可以使用 C++或 CUDA 来定义。

4. CNTK

CNTK 是 Microsoft 开发的深度学习框架，目前已经发展成一个通用的、跨平台的深度学习系统，在语音识别领域的应用尤其广泛。CNTK 拥有丰富的神经网络组件，用户不需要编写底层的 C++或 CUDA，就能通过组合这些组件设计新的、复杂的层。

同样，CNTK 也支持 CPU 和 GPU 两种开发模式。CNTK 以计算图的形式描述结构，叶子节点代表输入或者网络参数，其他节点代表计算步骤。CNTK 也拥有较高的灵活度，支持通过配置文件定义网络结构，支持通过命令行程序执行训练，支持构建任意计算图，支持 AdaGrad、RmsProp 等优化方法。

1.3.2 TensorFlow 生态

TensorFlow 是一个采用数据流图、用于数值计算的开源软件库。简单的数据流图如图 1-18 所示，节点表示数学操作，线则表示节点间相互联系的多维数据数组，即张量。TensorFlow 可用于机器学习和深度神经网络方面的研究，但这个系统的通用性使其也可广泛用于其他计算领域。

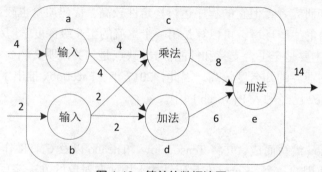

图 1-18　简单的数据流图

TensorFlow 广泛应用于各种机器学习算法的编程实现，由 Google 人工智能团队开发和维护，拥有包括 TensorFlow Hub、TensorFlow Extended、TensorFlow Probability、TensorFlow Lite、TensorFlow Research Cloud 等在内的多个项目以及各类应用程序接口，具体介绍如下。

1．TensorFlow Hub

TensorFlow Hub 是一个允许用户发布、共享和使用 TensorFlow 模块的库开发项目。用户可以将 TensorFlow 数据流图或其部分使用 Hub 进行封装并移植到其他问题中再次利用，TensorFlow Hub 页面列出了由 Google 和 DeepMind 提供的封装模型，其主题包括字符嵌入、视频分类和图像处理等。

2．TensorFlow Extended

TensorFlow Extended（TFX）是 Google 基于 TensorFlow 开发的产品级机器学习平台，其目标是对产品开发中的模型实现、分析验证和业务化操作进行整合，利用实时数据完成机器学习产品的标准化生产。TFX 包括 3 个算法库，分别是 TensorFlow Data Validation、TensorFlow Transform 和 TensorFlow Model Analysis。其中 TensorFlow Data Validation 可以对机器学习数据进行统计描述和验证；TensorFlow Transform 可以对模型数据进行预处理；TensorFlow Model Analysis 可以对机器学习模型进行分析，提供表现评分。还有 TensorFlow Serving，可以作为模型业务化的高性能系统，提供模型接口和管理。

3．TensorFlow Probability

TensorFlow Probability（TFP）是在 TensorFlow Python API 基础上开发的统计学算法库，其目标是便于用户将概率模型和深度学习模型结合使用。TFP 包括大量概率分布的生成器，支持构建深度网络的概率层，提供变分贝叶斯推断和马尔可夫链蒙特卡罗方法，以及一些特殊的优化器，包括 Nelder-Mead 算法（一种求解多元函数局部最小值的算法）、BFGS（Broyden-Fletcher-Goldfarb-Shanno）算法和 SGLD（Stochastic Gradient Langevin Dynamics，随机梯度郎之万动力学采样方法）。

4．TensorFlow Lite

TensorFlow Lite 可为移动和嵌入式设备运行机器学习代码的问题提供解决方案。TensorFlow Lite 包含优化算法，以提升 Android、iOS 等操作系统下机器学习模型运行的效率并压缩文件大小。Google 内部的许多移动端产品，包括 Google 相册、Google 邮箱客户端、Google 键盘等都使用 TensorFlow Lite 部署了人工智能算法。

1.3.3　TensorFlow 特性

在众多深度学习框架中，TensorFlow 的活跃程度远超其他框架，是如今使用较为频繁的深度学习框架之一。TensorFlow 主要包含以下特性。

1．多环境支持

TensorFlow 可以在 CPU、GPU 和 TPU（Tensor Processing Unit，张量处理单元）上，以及台式计算机、服务器、移动端、云端服务器等各个终端上运行，同时能够很好地在移动平台上运行，如 Android、iOS、树莓派等。

2. 多语言支持

TensorFlow 有一个 C++使用界面，也有一个易用的 Python 使用界面来构建和执行 graphs，可以直接编写 Python/C++程序，也可以通过交互式的 IPython 界面来实现。TensorFlow 提供了 Python、C++、Java 接口来构建用户的程序，但核心部分是用 C++实现的。

3. 自动求微分

基于梯度的机器学习算法受益于 TensorFlow 自动求微分的能力。只需要定义预测模型的结构，将这个结构和目标函数结合在一起，并添加数据，TensorFlow 将自动完成相关微分导数的计算。

1.3.4　TensorFlow 的改进

2019 年，Google 推出 TensorFlow 2 正式版本，以动态图优先模式运行，从而避免 TensorFlow 1（主要用于处理静态计算图）的许多问题（如频繁变动的接口使得系统向后兼容性大打折扣，也间接出现了 bug、功能设计冗余、符号式编码开发和调试非常困难等），获得业界的广泛认可。

TensorFlow 2 可以在程序调试阶段使用动态图，快速建立模型、调试程序；在部署阶段，其采用静态图机制，从而提高模型的性能、部署能力以及执行效率。

在 TensorFlow 2 中，计算图的性能很强大，用户可以使用装饰器 tf.function 将功能块作为单个图运行，这是通过 TensorFlow 2 强大的 Autograph 功能完成的，用户可以优化功能并增加可移植性。

TensorFlow 2 是一个与 TensorFlow 1.x 使用体验完全不同的框架。TensorFlow 2 不兼容 TensorFlow 1.x 的代码，同时在编程风格、函数接口设计等方面也大相径庭。TensorFlow 1.x 的代码需要依赖人工的方式迁移，自动化迁移方式并不靠谱。TensorFlow 2 包含许多 API 的变更，例如，对参数进行重新排序、重新命名符号和更改参数的默认值。相比于 TensorFlow 1，TensorFlow 2 主要有以下几点变化。

（1）API 清理。

许多 API 在 TensorFlow 2 中已经消失或移动，使 API 更加一致（统一 RNN、统一优化器），并通过 Eager Execution 执行更好地与 Python 运行时集成。例如，删除 tf.app、tf.flags 等，转而支持现在开源的 absl-py，重新安置 tf.contrib 中的项目，并清理主要的 tf.*命名空间，将不常用的函数移动到与 tf.math 类似的子包中。

（2）Eager Execution 模式。

在 TensorFlow 1.x 中，代码的编写分为两个部分：构建静态计算图和创建一个 Session 去执行计算图，这使得编写代码较为麻烦。在 TensorFlow 2 中，默认 Eager Execution 模式下不需要创建 Session 来运行静态计算图，也不需要创建 Session 查看代码结果。

Eager Execution 的一个值得注意的地方是不再需要 tf.control_dependencies，因为所有代码按顺序执行（在 tf.function 中，带有副作用的代码按写入的顺序执行）。

（3）全局变量。

TensorFlow 1.x 严重依赖于隐式全局命名空间，当调用 tf.Variable 时，它会被放入默认图形中。要恢复 tf.Variable，需要先知道变量的创建名称，如果用户无法控制变量的创建，那么 tf.Variable 将很难恢复。最终各种机制激增，试图帮助用户再次找到它的变量，并寻找框架来查找用户创建的变量（变量范围、全局集合、辅助方法），如 tf.get_global_step、tf.global_variables_ initializer、优化器隐式计算所有可训练变量的梯度等。TensorFlow 2 取消了这些机制（Variables 2.0 RFC），支持默认机制（跟踪变量）。

（4）功能。

session.run 调用就像一个函数调用：指定输入和要调用的函数，然后返回一组输出。

在 TensorFlow 2 中，可以使用 tf.function 来装饰 Python 函数，将其标记为 JIT 编译，以便 TensorFlow 将其作为单个图形运行（Functions 2.0 RFC）。这种机制允许 TensorFlow 2 获得图形模式的优势，如优化功能（节点修剪、内核融合等）。该功能可以导出/重新导入（SavedModel 2.0 RFC），允许用户重用和共享模块化 TensorFlow 功能。

小结

本章首先介绍了深度学习的基本定义及其应用领域（包括物体检测、视觉定位、物体测量、物体分拣、图像分割、图像标题生成等）；然后分别介绍了深度学习与计算机视觉、自然语言处理、语言识别、机器学习和人工智能间的关系；最后介绍了常用的深度学习框架以及 TensorFlow 的生态和特征。

课后习题

选择题

（1）有关深度学习，以下说法错误的是（　　　）。

    A. 深度学习是机器学习的一个分支

    B. 深度学习指的是基于深层神经网络实现的模型或算法

    C. 物体检测要求机器快速、准确地找到被测物品并确认其位置

    D. 在生成图像标题时常用 NIC 模型来处理

（2）卷积神经网络在哪一年成功应用于识别手写邮政编码（　　　）。

    A. 1987　　　　　　B. 1989　　　　　　C. 1998　　　　　　D. 1990

（3）下面说法错误的是（　　　）。

    A. Google 的 Google Now、Microsoft 的 Xbox、Apple 的 Siri 均基于深度学习算法

    B. 2012 年 Google 的同声传译系统实现了从汉语到英语的同声传译

    C. 人工智能主要有弱人工智能、强人工智能和超人工智能 3 种

    D. 机器学习是人工智能的一个子领域

（4）以下哪个不属于深度学习框架（　　　）。

    A. TensorFlow　　　B. Keras　　　　　C. Torch　　　　　D. Android

（5）下面有关 TensorFlow 的特性说法错误的是（　　　）。

    A. TensorFlow 具有高度的灵活性

    B. TensorFlow 仅能在 CPU 和 GPU 上运行

    C. TensorFlow 可以支持 Python、C++、Java 等多种语言

    D. TensorFlow 可以高度优化硬件资源

第 2 章 TensorFlow 2 快速入门

由于 TensorFlow 1.x 存在接口设计频繁变动、功能设计冗余等诸多缺陷，因此 Google 正式推出 TensorFlow 2，通过 TensorFlow 版本的更新实现技术的创新，全面提高人才自主培养质量，着力造就拔尖创新人才。本章将对 TensorFlow 2 的环境搭建、TensorFlow 2 的基本数据类型、线性模型的训练过程以及深度学习的通用流程进行介绍。

学习目标

（1）掌握 TensorFlow 2 环境的搭建方法。

（2）了解 TensorFlow 2 的基本数据类型。

（3）熟悉利用 TensorFlow 2 训练线性模型的过程。

（4）熟悉 TensorFlow 2 深度学习的通用流程。

2.1 TensorFlow 2 环境搭建

TensorFlow 2 和其他 Python 库的安装方法一样，使用"pip install tensorflow"命令即可安装。注意安装 TensorFlow 2 时，需要根据计算机是否具有相应的 GPU 来确定是安装性能较强的 GPU 版本还是性能一般的 CPU 版本。

2.1.1 搭建 TensorFlow CPU 环境

TensorFlow（CPU 版本）的安装较为简单，可以直接通过 pip 命令进行安装。但是，为了处理各种不同的数据类型，在进行逻辑判断时，CPU 会引入大量的分支跳转和中断等，这些使得其内部结构异常复杂。当计算量大时，CPU 的计算功能也相对较弱。

使用 pip 命令安装库时，可能会出现下载速度缓慢甚至网络连接断开的情况，配置国内源可以提高 pip 下载的速度，只需要在 pip install 命令后面加上"- i 源地址"参数即可。例如，使用清华源安装 pandas 库，首先打开 Anaconda Prompt，执行如下命令即可自动下载并安装 pandas 库。

```
pip install pandas -i https://pypi.tuna.tsinghua.edu.cn/simple
```

安装 TensorFlow（CPU 版本）常用的方法有以下 3 种。

1. 方法一

用户在默认情况下下载 TensorFlow 速度较慢或使用的镜像源没有 TensorFlow 的对应版本时，可以更换默认源，再进行库的下载和安装，步骤如下。

（1）打开 Anaconda Prompt，执行如下命令，更换默认源为清华源。

```
pip config set global.index-url https://pypi.tuna.tsinghua.edu.cn/simple
```

（2）执行如下命令，下载和安装 TensorFlow（CPU 版本）。

```
pip install tensorflow==2.2.0
```

更换默认源后，TensorFlow（CPU 版本）的安装界面如图 2-1 所示。

图 2-1 TensorFlow（CPU 版本）的安装界面 1

2. 方法二

较为简单的、也较为常用的方法是，用户直接使用 pip install 命令并加上"- i 源地址"参数进行 TensorFlow 的下载和安装。打开 Anaconda Prompt，直接执行如下命令进行下载和安装。

```
pip install tensorflow==2.2.0 -i https://mirrors.aliyun.com/pypi/simple
```

直接在 pip install 命令后加"- i 源地址"安装 TensorFlow（CPU 版本）的界面如图 2-2 所示。

图 2-2 TensorFlow（CPU 版本）的安装界面 2

3. 方法三

安装 TensorFlow 时，可能会出现"Cannot uninstall'wrapt'.It is a distuils installed..."这样的错误信息，这时需要先更新 wrapt 版本，再安装和下载 TensorFlow，步骤如下。

（1）打开 Anaconda Prompt。

（2）执行如下命令，更新 wrapt 为最新版本。

```
pip install wrapt --ignore-installed
```

（3）执行如下命令，下载和安装 TensorFlow（CPU 版本）。

```
pip install tensorflow==2.2.0 -i https://mirrors.aliyun.com/pypi/simple
```

更新 wrapt 版本后，TensorFlow（CPU 版本）的安装界面如图 2-3 所示。

图 2-3 TensorFlow（CPU 版本）的安装界面 3

TensorFlow（CPU 版本）安装完成后可以验证其是否安装成功，具体验证步骤如下。

（1）打开命令提示符窗口（CMD），输入"ipython"并执行该命令，进入 IPython 交互式终端。

（2）在 IPython 交互式终端中输入代码"import tensorflow as tf"。若运行成功，表示 TensorFlow（CPU 版本）安装成功，如图 2-4 所示。

```
C:\Users\Administrator>ipython
Python 3.6.3 |Anaconda, Inc.| (default, Oct 15 2017, 03:27:45) [MSC v.1900 64 bi
t (AMD64)]
Type 'copyright', 'credits' or 'license' for more information
IPython 6.1.0 -- An enhanced Interactive Python. Type '?' for help.

In [1]: import tensorflow as tf
2021-03-30 16:42:53.402265: W tensorflow/stream_executor/platform/default/dso_lo
ader.cc:60] Could not load dynamic library 'cudart64_110.dll'; dlerror: cudart64
_110.dll not found
2021-03-30 16:42:53.402265: I tensorflow/stream_executor/cuda/cudart_stub.cc:29]
 Ignore above cudart dlerror if you do not have a GPU set up on your machine.

In [2]:
```

图 2-4　验证 TensorFlow（CPU 版本）是否安装成功

2.1.2　搭建 TensorFlow GPU 环境

目前常见的深度学习框架几乎都基于 NVIDIA 的 GPU 进行加速运算，因此需要安装 NVIDIA 提供的 GPU 加速库——CUDA 程序。在安装 CUDA 之前，需确认计算机是否具有支持 CUDA 程序的 NVIDIA GPU。如果计算机没有 NVIDIA GPU，那么将无法安装 CUDA 程序。在安装 TensorFlow（GPU 版本）前，需要检查 tensorflow-gpu 版本、CUDA 驱动版本、cuDNN 驱动版本与 Python 版本是否匹配，如果不匹配，那么可能会导致 TensorFlow 安装失败。

以 Windows 10 操作系统为例，安装 TensorFlow（GPU 版本）的步骤如下。

1.　安装 CUDA

打开 CUDA 程序的官网下载 CUDA 10.0，依次选择"Windows"平台→"x86_64"架构→"10"系统→"exe(local)"本地安装包，最后单击"Download (2.1GB)"按钮即可下载 CUDA 安装软件，如图 2-5 所示。

图 2-5　下载 CUDA 安装软件界面

下载完成后，打开安装软件，同意 NVIDIA 软件许可协议并继续，选择"自定义（高级）"，如图 2-6 所示，单击"下一步"按钮进入自定义安装选项。

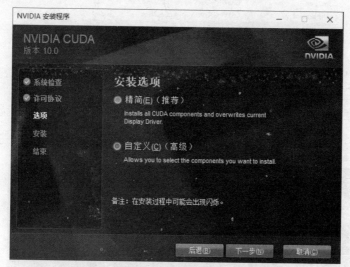

图 2-6　选择"自定义（高级）"安装选项

在这里勾选需要安装的程序组件并取消勾选不需要安装的程序组件。在 CUDA 节点下，取消勾选 "Visual Studio Integration" 选项，如图 2-7 所示，单击"下一步"按钮即可正常安装。

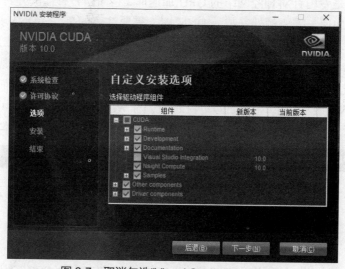

图 2-7　取消勾选"Visual Studio Integration"

CUDA 软件安装完成后，打开文件浏览器，右击"此电脑"，选择"属性"→"高级系统属性"→"环境变量"，在"系统变量"中检查是否存在"CUDA_PATH"和"CUDA_PATH_V10_0"两个变量，如图 2-8 所示。如果存在，那么测试 CUDA 是否安装成功；如果不存在，那么需要重新安装 CUDA。

接下来测试 CUDA 软件是否安装成功。打开命令提示符窗口，输入"nvcc -V"命令并执行即可输出当前 CUDA 等的版本信息，若出现图 2-9 所示界面，即表明 CUDA 安装成功。

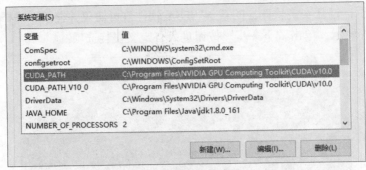

图 2-8　检查环境变量

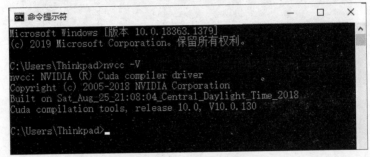

图 2-9　CUDA 安装成功界面

2. 安装 cuDNN

CUDA 并不是专门针对神经网络的 GPU 加速库，它面向各种需要并行计算的应用。针对神经网络应用加速，需要额外安装 cuDNN 库。需要注意的是，cuDNN 库并不是运行程序，只需要下载 cuDNN 文件并解压，配置 cuDNN 的环境变量即可。

进入 cuDNN 官方下载界面，单击下载 cuDNN 文件，由于 NVIDIA 公司规定，下载 cuDNN 需要先登录，因此读者需要先登录再下载。登录后，进入 cuDNN 文件下载界面，选择与 CUDA 10.0 匹配的 cuDNN 版本，并单击 "cuDNN Library for Windows 10" 链接即可下载 cuDNN 文件，如图 2-10 所示。需要注意的是，cuDNN 的版本号必须和 CUDA 的版本号相匹配。

图 2-10　下载 cuDNN 文件界面

cuDNN 文件下载完成后，解压并进入 "cudnn-10.0-windows10-x64-v7.4.1.5" 文件夹，将名为 "cuda" 的文件夹重命名为 "cudnn"，并复制该文件夹至 CUDA 的安装路径 C:\Program

Files\NVIDIA GPU Computing Toolkit\CUDA\v10.0，如图 2-11 所示。此时可能会弹出需要管理员权限的对话框，单击"继续"按钮即可。

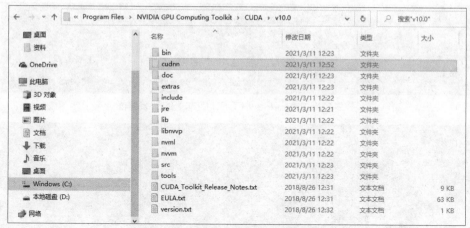

图 2-11　复制 cuDNN 文件到指定位置

　　cuDNN 安装完成后，为了使系统能够感知到 cuDNN 文件的位置，需要额外配置其环境变量。根据 2.1.2 小节的"1.安装 CUDA"中所述方法打开"环境变量"对话框，在"系统变量"一栏中选中"Path"环境变量，单击"编辑"按钮，打开"编辑环境变量"对话框。单击"新建"按钮，输入 cuDNN 的安装路径"C:\Program Files\NVIDIA GPU Computing Toolkit\CUDA\v10.0\cudnn\ bin"，并通过"上移"按钮将变量置顶。

　　配置完成后的环境变量应该包括图 2-12 所示的前 3 项。注意，具体路径可能和实际路径略有不同，读者应根据实际情况而定。

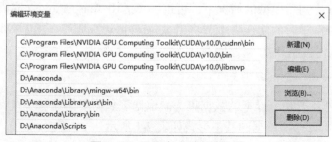

图 2-12　配置完成后环境变量

3. 安装 TensorFlow（GPU 版本）

打开 Anaconda Prompt，使用清华源下载和安装 TensorFlow（GPU 版本）。可执行如下命令进行安装。

```
pip install tensorflow-gpu==2.2.0 -i https://pypi.tuna.tsinghua.edu.cn/simple
```

TensorFlow（GPU 版本）的安装界面如图 2-13 所示。

4. 验证 TensorFlow（GPU 版本）是否安装成功

在命令提示符窗口中，执行"ipython"命令进入 IPython 交互式终端，再执行"import tensorflow as tf"命令。如果没有错误产生，那么继续执行"tf.test.is_gpu_available()"命令测试 GPU 是否可用，此时会输出一系列的信息，其中包含可能的 GPU 显卡设备信息，如果最后输出 True，那么说明 TensorFlow GPU 安装成功；如果输出 False，那么说明安装失败，需要再次检测 CUDA、cuDNN、环境变量等是否正确安装或配置，如图 2-14 所示。

```
(C:\ProgramData\Anaconda3) C:\Users\Administrator>pip install tensorflow-gpu==2.
2.0 -i https://pypi.tuna.tsinghua.edu.cn/simple
Looking in indexes: https://pypi.tuna.tsinghua.edu.cn/simple
Collecting tensorflow-gpu==2.2.0
  Downloading https://pypi.tuna.tsinghua.edu.cn/packages/33/9c/735d1e9160a49ddef
09526ba9c00a89b08f4e6da409c797a86ea0df8197b/tensorflow_gpu-2.2.0-cp36-cp36m-win_
amd64.whl (460.3 MB)
```

图 2-13　TensorFlow（GPU 版本）的安装界面

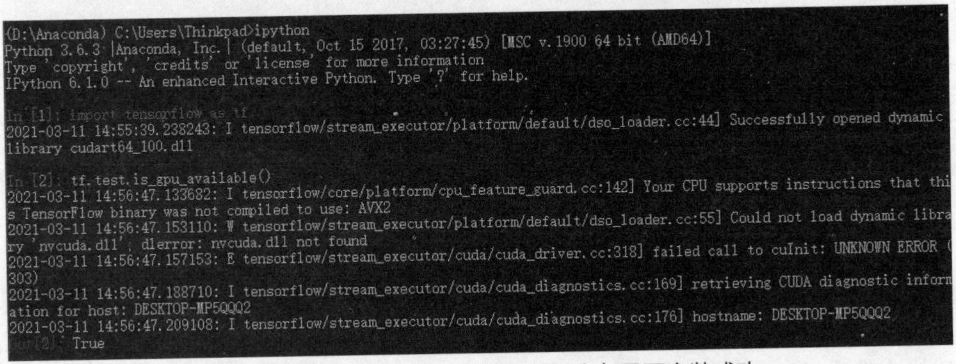

```
(D:\Anaconda) C:\Users\Thinkpad>ipython
Python 3.6.3 |Anaconda, Inc.| (default, Oct 15 2017, 03:27:45) [MSC v.1900 64 bit (AMD64)]
Type 'copyright', 'credits' or 'license' for more information
IPython 6.1.0 -- An enhanced Interactive Python. Type '?' for help.

In [1]: import tensorflow as tf
2021-03-11 14:55:39.238243: I tensorflow/stream_executor/platform/default/dso_loader.cc:44] Successfully opened dynamic
library cudart64_100.dll

In [2]: tf.test.is_gpu_available()
2021-03-11 14:56:47.133682: I tensorflow/core/platform/cpu_feature_guard.cc:142] Your CPU supports instructions that thi
s TensorFlow binary was not compiled to use: AVX2
2021-03-11 14:56:47.153110: W tensorflow/stream_executor/platform/default/dso_loader.cc:55] Could not load dynamic libra
ry 'nvcuda.dll'; dlerror: nvcuda.dll not found
2021-03-11 14:56:47.157153: E tensorflow/stream_executor/cuda/cuda_driver.cc:318] failed call to cuInit: UNKNOWN ERROR (
303)
2021-03-11 14:56:47.188710: I tensorflow/stream_executor/cuda/cuda_diagnostics.cc:169] retrieving CUDA diagnostic inform
ation for host: DESKTOP-MP5QQQ2
2021-03-11 14:56:47.209108: I tensorflow/stream_executor/cuda/cuda_diagnostics.cc:176] hostname: DESKTOP-MP5QQQ2
Out[2]: True
```

图 2-14　验证 TensorFlow（GPU 版本）是否安装成功

2.2　训练一个线性模型

在接触 TensorFlow 前，读者可能学习过众多的库，如 NumPy 库、pandas 库、scikit-learn 库等。在机器学习中，类似于鸢尾花分类这样的模型，常用 scikit-learn 库对其进行构建。在利用 scikit-learn 库构建模型的情况下，可进一步运用 TensorFlow 2 实现深度神经网络的搭建与应用，即深度学习的实现。本节将用 TensorFlow 2 训练一个简单线性模型，来展示 TensorFlow 2 的工作机制和基本流程。

2.2.1　问题描述

现存在一个拥有 100 个样本的数据集，需根据该数据集构建一个线性模型，找出合适的 w 和 b，使得 $y=wx+b$。数据的基本形式如表 2-1 所示。

表 2-1　数据的基本形式

序号	x	y
0	0.852103122	6.130257806
1	0.63092199	5.577304975
2	0.853299258	6.133248144
3	0.656236484	5.640591209
4	0.700692015	5.751730037

2.2.2　TensorFlow 2 基本数据类型形式

在运用 TensorFlow 2 训练线性模型之前，需要了解 TensorFlow 2 的基本数据类型。在 TensorFlow 2 程序中，所有数据类型都通过张量的形式来表示。张量是具有统一数据类型

的 *n* 维数组或列表。所有张量都是不可变的，不能更新张量的内容，只能创建新的张量，例如，创建一个张量 b=[[1,2],[2,3]]，其阶数为 2，数据类型为整型。关于张量的阶、维度和数据类型的基本介绍如下。

1. 阶

从功能的角度来看，张量可以被简单理解为多维数组，其中零阶张量表示标量（scalar），即为一个数；一阶张量为向量（vector），即为一个一维数组；*n* 阶张量可以理解为一个 *n* 维数组。但张量在 TensorFlow 中的实现并未直接采用数组的形式，而是对 TensorFlow 中的运算结果进行引用。张量中并没有真正保存数字，它保存的是得到这些数字的计算过程。在 TensorFlow 2 中，常用阶来表示张量的维度，如表 2-2 所示。

表 2-2　张量的阶

阶	数学实例	Python 实例
0	标量（只有大小）	s = 483
1	向量（有大小和方向）	v = [1.1, 2.2, 3.3]
2	矩阵（数据表）	m = [[1, 2, 3], [4, 5, 6], [7, 8, 9]]
3	3 阶（立体数据）	t = [[[2], [4], [6]], [[8], [10], [12]], [[14], [16], [18]]]
n	*n* 阶	……

2. 维度

在张量中，维度这个属性描述了一个张量的维度信息，是张量的一个很重要的属性。在 TensorFlow 2 中，描述张量维度的 3 种记号分别是阶、形状和维数，三者之间的关系如表 2-3 所示。

表 2-3　阶、形状和维数的关系

阶	形状	维数	Python 实例
0	[ ]	0-D	一个 0 维张量，即一个标量
1	[D0]	1-D	一个一维张量的形式[5]
2	[D0, D1]	2-D	一个二维张量的形式[[1, 1, 1], [2, 2, 2], [3, 3, 3]]
3	[D0, D1, D2]	3-D	一个三维张量的形式[[[1], [2], [3]], [[4], [5], [6]], [[7], [8], [9]]]
n	[D0, D1,…, D*n*]	*n*-D	一个 *n* 维张量的形式[D0, D1,…, D*n*]

3. 数据类型

除维度外，张量还有一个数据类型属性，可以为张量指定任意一个数据类型。每一个张量都有一个唯一的数据类型，如表 2-4 所示。

表 2-4　张量的数据类型

数据类型	Python 类型	描述
DT_FLOAT	tf.float32	32 位浮点型
DT_DOUBLE	tf.float64	64 位浮点型
DT_INT64	tf.int64	64 位有符号整型

数据类型	Python 类型	描述
DT_INT32	tf.int32	32 位有符号整型
DT_INT16	tf.int16	16 位有符号整型
DT_INT8	tf.int8	8 位有符号整型
DT_UINT8	tf.uint8	8 位无符号整型
DT_STRING	tf.string	可变长度的字节数组类型，每一个张量元素都是一个字节数组
DT_BOOL	tf.bool	布尔型
DT_COMPLEX64	tf.complex64	由两个 32 位浮点数组成的复数、实数或虚数
DT_QINT32	tf.qint32	用于量化 Ops 的 32 位有符号整型
DT_QINT8	tf.qint8	用于量化 Ops 的 8 位有符号整型
DT_QUINT8	tf.quint8	用于量化 Ops 的 8 位无符号整型

2.2.3　构建网络

在解决 $y=wx+b$ 的线性问题时，需构建、训练网络并对模型进行评估。将样本划分为训练集和测试集，由于样本数据只有 x、y，因此在构建 Sequential 网络时只需设置一个输入和一个输出，训练构建好的网络并对测试集进行预测，最后计算测试集的均方误差（Mean Square Error，MSE）并对模型进行评估。通过该线性问题，读者可了解运用 TensorFlow 2 解决问题的基本思路，构建网络、训练网络和性能评估等的详细内容将在 2.3 节进行介绍。Sequential 网络结构如图 2-15 所示，其中 x_1、x_2 为样本输入数据。

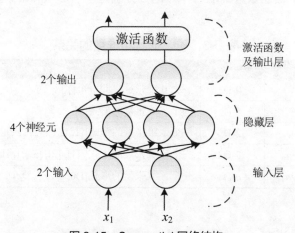

图 2-15　Sequential 网络结构

通过 pandas 库的 read_csv 函数读取 100 个样本的数据，分别取出样本的自变量和目标值，将样本划分为训练样本和测试样本（训练样本为前 90 个，测试样本为后 10 个），构建一个 Sequential 网络，并为网络添加全连接层，如代码 2-1 所示。

代码 2-1　构建 Sequential 网络

```
import tensorflow as tf
import pandas as pd
```

```
import numpy as np
import random
import pathlib
import os
import matplotlib.pylab as plt
import tensorflow_datasets as tfds
from tensorflow.keras import datasets  # 导入经典数据集
# 读取数据
data = pd.read_csv('../data/line_fit_data.csv').values
# 划分训练集和测试集
x = data[: -10, 0]
y = data[: -10, 1]
x_test = data[-10: , 0]
y_test = data[-10: , 1]

# 构建 Sequential 网络
model_net = tf.keras.models.Sequential()                   # 实例化网络
model_net.add(tf.keras.layers.Dense(1, input_shape=(1, )))  # 添加全连接层
print(model_net.summary())
```

运行代码 2-1 得到的结果如下。

```
Model: "sequential"
_____
Layer (type)                 Output Shape              Param #
=================================================================
dense (Dense)                (None, 1)                 2
=================================================================
Total params: 2
Trainable params: 2
Non-trainable params: 0
```

2.2.4　训练网络

损失函数用于衡量模型输出值与样本实际值之间的差异。本例是典型的回归任务，可构建均方误差损失函数来衡量模型性能的好坏，如代码 2-2 所示。

代码 2-2　构建均方误差损失函数

```
model_net.compile(loss='mse', optimizer=tf.keras.optimizers.SGD(learning_rate=0.5))
```

通过 fit 方法对构建好的 Sequential 网络进行网络训练，并对测试样本的自变量进行预测，如代码 2-3 所示。

代码 2-3　网络训练并预测

```
model_net.fit(x, y, verbose=1, epochs=20, validation_split=0.2)
pre = model_net.predict(x_test)
```

2.2.5　性能评估

均方误差，也称标准差，可以反映一个数据集的离散程度，计算公式如式（2-1）

27

所示。

$$\text{MSE} = \frac{1}{n}\sum_{i=1}^{n} E_i^2 = \frac{1}{n}\sum_{i=1}^{n}(Y_i - \hat{Y_i})^2 \tag{2-1}$$

式（2-1）中，MSE 表示均方误差，E_i 表示第 i 个实际值与预测值的误差，Y_i 表示第 i 个实际值，$\hat{Y_i}$ 表示第 i 个预测值。

计算样本实际值和样本预测值间的均方误差，对模型进行性能评估，如代码 2-4 所示。

代码 2-4　计算均方误差

```
y_test = pd.DataFrame(y_test)
pre = pd.DataFrame(pre)
mse = (sum(y_test - pre) ** 2) / 10
print('均方误差为：', mse)
```

运行代码 2-4 可知均方误差为 0.0。由此可知，该模型的预测效果非常好。

本节通过训练简单的线性模型介绍了 TensorFlow 2 的基本流程，主要包括构建网络、编译网络、训练网络、性能评估。

2.3　TensorFlow 2 深度学习通用流程

深度学习是机器学习领域中一个研究方向，而深度学习的概念源于对人工神经网络的研究。含多个隐藏层的多层感知器就是一种深度学习结构。如今，深度学习在数据挖掘、机器翻译、自然语言处理、多媒体学习、语音、个性化推荐，以及其他相关领域都取得了很多成果。与传统机器学习、浅层神经网络相比，深度学习通常具有数据量大、计算能力较强、网络规模较大等特点。在 TensorFlow 2 中，深度学习的通用流程为数据加载、数据预处理、构建网络、编译网络、训练网络、性能评估、模型保存和调用（实际中也可先对模型进行保存后进行评估）等，如图 2-16 所示。

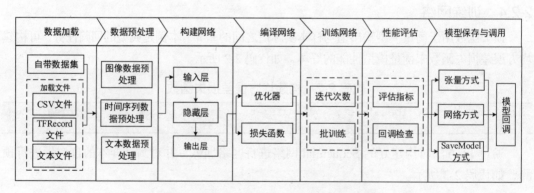

图 2-16　TensorFlow 2 深度学习通用流程

本节将以对 MNIST 数据集的手写数字图像进行分类为例，对 TensorFlow 2 深度学习的通用流程进行介绍。图像分类的主要步骤如下。

（1）读取 MNIST 数据集（训练集为 60000 个样本，测试集为 10000 个样本）。

（2）对 MNIST 数据集进行数据预处理。

（3）构建、编译和训练 Sequential 网络。

（4）对模型进行评估。

（5）保存训练好的模型，并调用保存好的模型对 testimages 文件下的 30 个新样本进行预测。

2.3.1 数据加载

因为深度学习需要用大量的数据训练深度神经网络，所以需要加载足够多的数据。如果数据是以原始数据、原始图像的形式提供，且同一类图像存放在同一文件夹下，那么需要将图像和标签读入内存，并对图像、标签进行预处理。

在 TensorFlow 2 中加载数据，除了加载其自带的数据集外，还可以对逗号分隔值（Comma-Separated Values，CSV）文件、TFRecord 文件、文本文件、文件集中的数据等进行加载。

1. 自带数据集

在 TensorFlow 2 中，datasets 模块为常用经典数据集提供了自动下载、管理、加载和转换功能，并且提供了 tf.data.Dataset 数据集对象，方便实现多线程（multi-threading）、预处理（preprocessing）、随机打乱（shuffe）和批训练（training on batch）等常用数据集的功能。TensorFlow 2 中包含的、常用的经典数据集主要有以下几个。

（1）Boston Housing：波士顿房价趋势数据集，用于回归训练与测试。

（2）CIFAR10/100：真实图片数据集，用于图片分类任务。

（3）MNIST/Fashion_MNIST：手写数字图片数据集，用于图片分类任务。

（4）IMDB：情感分类任务数据集，用于文本分类任务。

（5）REUTERS：路透社主题分类数据集，用于文本分类任务。

在机器学习或深度学习的研究与学习过程中，对于新提出的算法，一般会优先在经典数据集上进行测试，再尝试迁移到更大规模、更复杂的数据集上。通过 datasets.xxx.load_data 函数进行经典数据集的自动加载，其中"xxx"表示数据集的名称，如"MNIST""IMDB"等。

TensorFlow 会默认将数据缓存到用户目录下的 .keras/datasets 文件夹。以加载 MNIST 数据集到对应文件夹为例，该数据集包括 60000 个用于训练的样本和 10000 个用于测试的样本，数据集示例如图 2-17 所示。其中每个样本都是一张手写数字图片，图片大小为 28×28 像素，样本取值为 0 ~ 255 的整数，样本标签取值为 0 ~ 9 的整数。加载 MNIST 数据集如代码 2-5 所示。

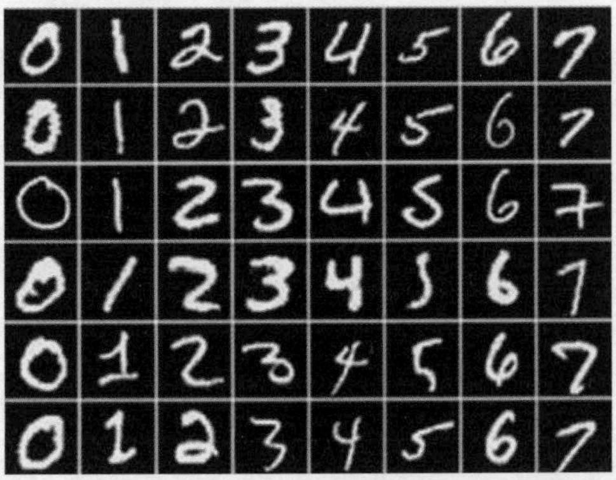

图 2-17 MNIST 数据集示例

代码 2-5　加载 MNIST 数据集

```
import tensorflow as tf
import pandas as pd
from tensorflow.keras import datasets  # 导入经典数据集

# 加载 MNIST 数据集
(x, y), (x_test, y_test) = datasets.mnist.load_data()
print('x:', x.shape, 'y:', y.shape, 'x_test:', x_test.shape, 'y_test:',y_test.shape)
```

运行代码 2-5 得到的结果如下。

```
x: (60000, 28, 28) y: (60000,) x_test: (10000, 28, 28) y_test: (10000,)
```

数据加载到内存后，需要转换为 Dataset 对象，才能利用 TensorFlow 提供的各种便捷功能。Dataset 是一个可包含任何数据类型的结构，它是可嵌套的，即它的元素可为 Dataset 类型。通过 Dataset.from_tensor_slices 函数将数据图片 x、x_test 和标签 y、y_test 都转换为 Dataset 对象，如代码 2-6 所示。

代码 2-6　将加载的数据转换为 Dataset 对象

```
# 将加载的数据转换为 Dataset 对象
train = tf.data.Dataset.from_tensor_slices((x, y))
test = tf.data.Dataset.from_tensor_slices((x_test, y_test))
```

2．加载文件

TensorFlow 除了可以加载自带的数据集外，还可以加载外部文件，常见的外部文件有 CSV 文件、TFRecord 文件、文本文件和文件集等。

（1）CSV 文件。

CSV 文件格式是一种常用的格式，用于以纯文本格式存储表格数据。以泰坦尼克号乘客数据为例，其主要字段包括 survived（是否幸存）、sex（性别）、age（年龄）、n_siblings_spouses（兄弟姐妹/配偶个数）、parch（父母/小孩个数）、fare（船票价格）等。采用 pandas 库中的 read_csv 函数将 CSV 文件中的数据加载到内存中，并使用 from_tensor_slices 函数将数据从内存中转化为 Dataset 对象实例，如代码 2-7 所示。

代码 2-7　加载 CSV 文件中的数据

```
titanic_file = pd.read_csv('../data/titanic_file.csv')
titanic_slices = tf.data.Dataset.from_tensor_slices(dict(titanic_file))
for feature_batch in titanic_slices.take(1):  # 采用 take 函数在列轴上的位置 1 处取值
  for key, value in feature_batch.items():    # 返回遍历的键和值
   print('{!r:20s}: {}'.format(key, value)) # 输出键与值
```

运行代码 2-7 得到的结果如下。

```
'survived'            : 0
'sex'                 : b'male'
'age'                 : 22.0
'n_siblings_spouses'  : 1
'parch'               : 0
'fare'                : 7.25
```

```
'class'            : b'Third'
'deck'             : b'unknown'
'embark_town'      : b'Southampton'
'alone'            : b'n'
```

　　另一种更具可扩展性的方法是根据需要从磁盘进行加载，即使用 make_csv_dataset 函数加载数据。CSV 文件中的每列都有一个列名。Dataset 对象的构造函数会自动识别这些列名，Dataset 对象中的每个条目（根据列名将数据按舱位、乘客、船票和地域维度进行划分，每个维度即为一个条目）都是一个批次，用一个元组（多个样本，多个标签）表示。样本中的数据组织形式是以列为主的张量，数据中包含的元素个数（列名个数）就是批大小。如果使用的文件的第一行不包含列名，那么需要将列名通过字符串列表传给 column_names 参数，其中 make_csv_dataset 函数的基本语法格式如下。

```
tf.data.experimental.make_csv_dataset(file_pattern, batch_size, column_names=
None, column_defaults=None, label_name=None, select_columns=None, field_delim=',',
use_quote_delim=True, na_value='', header=True, num_epochs=None, shuffle=True,
shuffle_buffer_size=10000, shuffle_seed=None, prefetch_buffer_size=None, num_
parallel_reads=None, sloppy=False, num_rows_for_inference=100, compression_type=
None, ignore_errors=False)
```

　　make_csv_dataset 函数的常用参数及其说明如表 2-5 所示。

表 2-5　make_csv_dataset 函数的常用参数及其说明

参数名称	参数说明
file_pattern	接收 list 或 str 类型的值。表示包含 CSV 记录的文件列表或文件路径。无默认值
batch_size	接收 int 类型的值。表示在单个批处理中合并的记录数。无默认值
column_names	接收 str 类型的值。表示按顺序对应 CSV 列的可选字符串列表，如果未提供，那么从记录的第一行推断列名。默认为 None
label_name	接收 str 类型的值。表示与列相对应的可选字符串。默认为 None
select_columns	接收 int 或 str 类型的值。表示用于指定要选择的 CSV 数据列的子集。默认为 None
field_delim	接收 str 类型的值。表示字符分隔符，用于分隔记录中的字段。默认值为 ","

　　以泰坦尼克号乘客数据集为例，加载数据集并查看，如代码 2-8 所示。

代码 2-8　加载泰坦尼克号乘客数据集

```
titanic_batches = tf.data.experimental.make_csv_dataset ('../data/titanic_
file.csv',batch_size=4, label_name='survived')
for feature_batch, label_batch in titanic_batches.take(1):
  print('survived: {}'.format(label_batch))
  print('features:')
  for key, value in feature_batch.items():
    print('{!r:20s}: {}'.format(key, value))
```

　　运行代码 2-8 得到的结果如下。

```
survived: [1 0 0 1]
features:
  'sex'          : [b'female' b'male' b'female' b'male']
```

```
'age'             : [22. 35. 2. 51.]
'n_siblings_spouses': [0 0 0 0]
'parch'           : [0 0 1 0]
'fare'            : [ 7.775  8.05  10.462  26.55 ]
'class'           : [b'Third' b'Third' b'Third' b'First']
'deck'            : [b'unknown' b'unknown' b'G' b'E']
'embark_town'     : [b'Southampton' b'Southampton' b'Southampton' b'Southampton']
'alone'           : [b'y' b'y' b'n' b'y']
```

函数在加载数据时，由于每一次运行所得的批数据可能不同，因此输出结果也可能不同。

（2）TFRecord 文件。

TFRecord 文件是一种将图像数据和标签统一存储的二进制文件，能更好地利用内存，可以在 TensorFlow 中快速地复制、移动、读取、存储等。TFRecordDataset 函数可以使一个或多个 TFRecord 文件中的内容流到输入管道中，并作为输入管道的一部分。TFRecordDataset 函数的基本语法格式如下。

```
tf.data.TFRecordDataset(filenames, compression_type=None, buffer_size=None,
num_parallel_reads=None)
```

TFRecordDataset 函数的常用参数及其说明如表 2-6 所示。

表 2-6   TFRecordDataset 函数的常用参数及其说明

参数名称	参数说明
filenames	接收 str 类型的值。表示 TFRecord 文件名。无默认值
compression_type	接收 str 类型的值。表示标量值为"ZLIB"或"GZIP"。默认为 None
buffer_size	接收 int 类型的值。表示读取缓冲区中的字节数。默认为 None
num_parallel_reads	接收 int 类型的值。表示要并行读取的文件数。默认为 None

以 FSNS（French Street Name Sign，法国街道名称标志）数据集为例，初始化程序 TFRecordDataset 的 filenames 参数可以是一个字符串、一个字符串列表或一个 tf.Tensor 字符串。因此，如果拥有两组用于训练和验证的文件，那么可以创建一个方法（通过定义一个用于创建对象的接口，让子类绝对实例化某一个类，该方法使一个类的实例化延迟到其子类）来生成数据集，并将文件名作为输入参数，如代码 2-9 所示。

代码 2-9   加载法国街道名称标志数据集

```
dataset = tf.data.TFRecordDataset(filenames = ['../data/fsns.tfrec'])
print(dataset)
```

运行代码 2-9 所得结果为<TFRecordDatasetV2 shapes: (), types: tf.string>。

许多 TensorFlow 项目在 TFRecord 文件中使用序列化的记录，需要先对 TFRecord 进行解码，再对其进行检查，如代码 2-10 所示。

代码 2-10   解码检查

```
raw_example = next(iter(dataset))
parsed = tf.train.Example.FromString(raw_example.numpy())    # 解析 TFRecord
print(parsed.features.feature['image/text'])                 # 输出检查
```

运行代码 2-10 得到的结果如下。

```
bytes_list {
  value: "Rue Perreyon"
}
```

（3）文本文件。

许多数据集以一个或多个文本文件的形式进行存放，此时 TextLineDataset 函数提供了一种从一个或多个文本文件中提取行的简便方法。给定一个或多个文件名，TextLineDataset 函数将在这些文件的每一行中产生一个字符串值的元素。采用 TextLineDataset 函数加载文本数据并查看，如代码 2-11 所示。

代码 2-11　加载文本文件

```
cowper = tf.data.TextLineDataset('../data/cowper.txt')
for line in cowper.take(5):
  print(line.numpy())
```

运行代码 2-11 得到的结果如下。

```
b"\xef\xbb\xbfAchilles sing, O Goddess! Peleus' son;"
b'His wrath pernicious, who ten thousand woes'
b"Caused to Achaia's host, sent many a soul"
b'Illustrious into Ades premature,'
b'And Heroes gave (so stood the will of Jove)'
```

（4）文件集。

在图像分类问题中，原始数据通常是一些图片文件，并且同一类别的图片保存在同一文件夹中。以花卉数据集（flower_photos）中的玫瑰花数据集和太阳花数据集为例，其中所有的数据都存放在 flower_photos 目录下，每一个子目录（如 roses）存放的都是同一类别的图片，采用 pathlib 库的 Path 类获取 flower_photos 的绝对路径，获取所有图片路径并查看图片形状，如代码 2-12 所示。

代码 2-12　获取所有图片路径并查看图片形状

```
data_path = pathlib.Path('../data/flower_photos')
all_image_paths = list(data_path.glob('*/*'))
all_image_paths = [str(path) for path in all_image_paths]    # 所有图片路径的列表
random.shuffle(all_image_paths)                              # 随机打乱数据

image_count = len(all_image_paths)
print('数据大小: ', image_count)
# 查看 5 张图片
print('5 张图片', all_image_paths[: 5])
```

运行代码 2-12 得到的结果如下。（由于随机打乱数据，因此 5 张图片的输出结果可能不同。）

```
数据大小: 1340
5 张图片
['..\\data\\flower_photos\\sunflowers\\5043404000_9bc16cb7e5_m.jpg',
```

```
'..\\data\\flower_photos\\roses\\6280787884_141cd7b382_n.jpg',
'..\\data\\flower_photos\\roses\\5487945052_bcb8e9fc8b_m.jpg',
'..\\data\\flower_photos\\roses\\466486216_ab13b55763.jpg',
'..\\data\\flower_photos\\sunflowers\\8038712786_5bdeed3c7f_m.jpg']
```

读取图片的同时，需要将图片与标签对应，创建一个对应的列表来存放图片标签，注意这里所说的标签不是 roses、sunflowers 等具体分类名，而是类别编号。在建模时，y 值一般都是整型数据，所以要创建一个字典，建立分类名与标签的对应关系，进而将图片与标签对应，如代码 2-13 所示。

代码 2-13 将图片与标签对应

```
# 提取分类名
label_names = sorted(item.name for item in data_path.glob('*/') if item.is_dir())
print('分类名', label_names)

# 创建标签
label_to_index = dict((name, index) for index, name in enumerate(label_names))
print('标签', label_to_index)

# 将图片与标签对应
all_image_labels = [label_to_index[pathlib.Path(
    path).parent.name] for path in all_image_paths]
for image, label in zip(all_image_paths[: 5], all_image_labels[: 5]):
    print(image, ' ---> ', label)
```

运行代码 2-13 得到的结果如下。

```
分类名['roses', 'sunflowers']
标签 {'roses': 0, 'sunflowers': 1}
..\data\flower_photos\sunflowers\5043404000_9bc16cb7e5_m.jpg  --->  1
..\data\flower_photos\roses\6280787884_141cd7b382_n.jpg  --->  0
..\data\flower_photos\roses\5487945052_bcb8e9fc8b_m.jpg  --->  0
..\data\flower_photos\roses\466486216_ab13b55763.jpg  --->  0
..\data\flower_photos\sunflowers\8038712786_5bdeed3c7f_m.jpg  --->  1
```

将图片成功加载到内存后，使用 from_tensor_slices 函数将加载后的图片转化为 Dataset 对象，如代码 2-14 所示。

代码 2-14 将加载后的图片转化为 Dataset 对象

```
ds = tf.data.Dataset.from_tensor_slices((all_image_paths, all_image_labels))
```

2.3.2 数据预处理

预处理数据时，通常会对图像数据、时间序列数据、文本数据等进行预处理。

（1）图像数据预处理。

在实际的图像数据上训练神经网络时，通常需要将图像尺寸转换为更为通用的尺寸，可将图像批量处理为固定的尺寸。以加载文件集数据中的花卉图像数据为例，重建花卉文件名数据集，创建函数将图像尺寸转换为统一尺寸并解码图像数据，调用函数对其中一幅图像进行测试，如代码 2-15 所示。

代码 2-15　自定义预处理函数并测试

```
# 图像数据预处理

# 在 URL 上下载数据集
flowers_root = tf.keras.utils.get_file(
    'flower_photos',
    'https://storage.googleapis.com/download.tensorflow.org/example_images/
flower_photos.tgz', untar=True)
flowers_root = pathlib.Path(flowers_root)
# 获取每个类下的文件数据
list_ds = tf.data.Dataset.list_files(str(flowers_root/'*/*'))

# 自定义函数用于操作数据集元素
def parse_image(filename):
    # 分割数据
    parts = tf.strings.split(filename, os.sep)
    label = parts[-2]
    # 读取并输出输入文件名的全部内容
    image = tf.io.read_file(filename)
    # 解码处理
    image = tf.image.decode_jpeg(image)
    # 转换为 float 类型
    image = tf.image.convert_image_dtype(image, tf.float32)
    # 尺寸调整为 128×128
    image = tf.image.resize(image, [128, 128])
    return image, label

# 测试函数是否有效
file_path = next(iter(list_ds))
image, label = parse_image(file_path)

# 自定义函数绘制图像
plt.figure()
plt.imshow(image)
plt.title(label.numpy().decode('utf-8'))
plt.axis('off')
plt.show()
```

运行代码 2-15 得到的结果如图 2-18 所示。

根据自定义的数据预处理函数 parse_image，并采用 map 方法处理所有文件数据中的一条，如代码 2-16 所示。

代码 2-16　调用预处理函数

```
# 运用 map 方法对文件数据进行预处理
images_ds = list_ds.map(parse_image)
for image, label in images_ds.take(1):
    plt.figure()
    plt.imshow(image)
    plt.title(label.numpy().decode('utf-8'))
    plt.axis('off')
    plt.show()
```

运行代码 2-16 得到的处理结果如图 2-19 所示。

图 2-18　测试其中一幅图像的结果

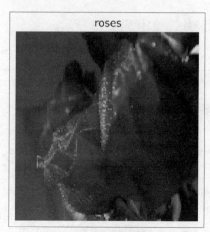

图 2-19　处理结果

（2）时间序列数据预处理。

在使用 RNN 及其变体时，在常见的应用场景中通常使用的是时间序列数据，即数据是有时序性质的。而且，RNN 要求输入的数据是 3D 张量，即(samples,time_steps,features)，中间的 time_steps 体现了时间。为了将数据转换成(m,n,k)格式，可以使用 timeseries_dataset_from_array 函数。

timeseries_dataset_from_array 函数的基本语法格式如下。

```
tf.keras.preprocessing.timeseries_dataset_from_array(data, targets, sequence
_length, sequence_stride=1, sampling_rate=1, batch_size=128, shuffle=False,
seed=None, start_index=None, end_index=None)
```

timeseries_dataset_from_array 函数的常用参数及其说明如表 2-7 所示。

表 2-7　timeseries_dataset_from_array 函数的常用参数及其说明

参数名称	说明
data	接收 int、float 类型的值。表示要转换的原始的时间序列数据。无默认值
targets	接收 int、float 类型的值。表示目标值，和 data 长度一样。无默认值
sequence_length	接收 int 类型的值。表示输出序列的长度。无默认值
sequence_stride	接收 int 类型的值。表示连续输出序列的周期。默认为 1
sampling_rate	接收 int 类型的值。表示序列中连续的时间步之间的时间间隔。默认为 1
batch_size	接收 int 类型的值。表示每个批次中的时间序列样本数。默认为 128
shuffle	接收 bool 类型的值。表示随机输出样本，还是按时间顺序输出样本。默认为 False
seed	接收 int 类型的值。表示随机种子。默认为 None
start_index	接收 int 类型的值。表示数据点早于 start_index 不输出。默认为 None
end_index	接收 int 类型的值。表示数据点晚于 end_index 不输出。默认为 None

timeseries_dataset_from_array 函数在以数组形式提供的时间序列上创建滑动窗口的数据集。此函数接收以相等间隔收集的一系列数据点，以及时间序列参数（如序列或窗口的长度，两个序列或窗口之间的间隔等），以生成一批时间序列输入值和目标值。timeseries_dataset_from_array 函数返回一个 tf.data.Dataset 实例。如果函数传递了 targets 参数，那么数

据集将产生元组（batch_of_sequences，batch_of_targets）；如果未传递，那么数据集仅产生batch_ of_sequences。

例如，对集合[0,1,…,99]，使用 sequence_length=10, sampling_rate=2, sequence_stride=3, shuffle=False，数据集将产生由以下索引组成的批次序列。

```
First sequence:     [0 2 4 6 8 10 12 14 16 18]
Second sequence:    [3 5 7 9 11 13 15 17 19 21]
Third sequence:     [6 8 10 12 14 16 18 20 22 24]
...
Last sequence:      [78 80 82 84 86 88 90 92 94 96]
```

在这种情况下，最后将有 3 个数据点将被丢弃，因为无法生成包含它们的完整序列（下一个序列将从索引 81 开始，因此其最后一步将等于 99）。

（3）文本数据预处理。

使用 text_dataset_from_directory 函数可以从目录的文本文件中生成一个 tf.data.Dataset 对象，该函数的基本语法格式如下。

```
tf.keras.preprocessing.text_dataset_from_directory(directory, labels="inferred",
label_mode="int", class_names=None, batch_size=32, max_length=None, shuffle=True,
seed=None, validation_split=None, subset=None, follow_links=False)
```

text_dataset_from_directory 函数的常用参数及其说明如表 2-8 所示。

表 2-8　text_dataset_from_directory 函数的常用参数及其说明

参数名称	说明
directory	接收 str 类型的值。表示数据所在的目录，如果 labels 为"inferred"，那么子目录表示类别。无默认值
labels	接收 int 类型的值。表示对应每个图像文件的标签。默认为 inferred
label_mode	接收 str 类型的值。表示标签的编码类型：int、categorical、binary。默认为 int
class_names	接收 str 类型的值。表示与子目录的名称一致，用于控制类的顺序。默认为 None
batch_size	接收 int 类型的值。表示批的大小。默认为 32
max_length	接收 int 类型的值。表示文本字符串的最大长度，超过此长度的文本将被截断。默认为 None
shuffle	接收 bool 类型的值。表示是否随机排列数据。默认为 True
seed	接收 int 类型的值。表示随机种子。默认为 None
validation_split	接收 float 类型的值。表示验证集比例。默认为 None

main_directory 文件的目录结构如下。

```
main_directory/
. class_a/
....a_text_1.txt
....a_text_2.txt
. class_b/
....b_text_1.txt
....b_text_2.txt
```

调用 text_dataset_from_directory(main_directory, labels='inferred')将返回 tf.data.Dataset

对象，从子目录 class_a 产生批处理文本 class_b，以及标签 0 和 1（0 对应 class_a、1 对应 class_b）。

深度学习模型不会接收原始文本作为输入，它只能处理数值张量。文本向量化（vectorize）是指将文本转换为数值张量的过程。为达到文本向量化的目的，需要构建文本与整数的映射关系。首先，通过将文本标记为单独的单词集合来构建词汇表，其步骤如下。

① 迭代每个样本的值。

② 使用 tfds.features.text.Tokenizer 实例化一个分词器 tokenizer。

③ 将分词器 tokenizer 放入一个集合中，借此来清除重复项。

④ 获取该词汇表的大小。

以 cowper.txt 文件数据为例，对数据进行文本向量化处理，如代码 2-17 所示。

代码 2-17　对数据进行文本向量化处理

```
# 实例化分词器
tokenizer = tfds.deprecated.text.Tokenizer()
# 自定义空集合
vocabulary_set = set()
# 循环获取词汇
for text_tensor in cowper:
  some_tokens = tokenizer.tokenize(text_tensor.numpy())
  vocabulary_set.update(some_tokens)
# 查看词汇表大小
vocab_size = len(vocabulary_set)
print('词汇表大小: ', vocab_size)
# 构建编码器
encoder = tfds.deprecated.text.TokenTextEncoder(vocabulary_set)
# 输出查看词汇样式
example_text = next(iter(cowper)).numpy()
print('样式: ', example_text)
# 样式编码
encoded_example = encoder.encode(example_text)
print('样式编码: ', encoded_example)
```

运行代码 2-17 得到的结果如下。

```
词汇表大小: 11500
样式: b"\xef\xbb\xbfAchilles sing, O Goddess! Peleus' son;"
样式编码: [8935, 3621, 624, 8166, 2721, 1559]
```

（4）数据集预处理。

将数据转换成 Dataset 对象后，通常情况下会再添加一系列的数据集标准处理操作，例如，随机打乱、预处理、按批加载等操作。以 MNIST 数据集（手写数字识别图片）为例，对数据集进行标准化处理。

为防止每次训练时数据按固定顺序产生，使得模型尝试"记忆"标签信息，通过 Dataset.shuffle(buffer_size)工具可以设置 Dataset 对象随机打乱数据，其中，buffer_size 参数用于指定缓冲池的大小，一般设置为一个较大的常数即可，如代码 2-18 所示。

代码 2-18　随机打乱

```
train = train.shuffle(10000)  # 随机打乱样本，不会打乱样本与标签的映射关系
```

从 datasets 模块直接加载的数据集的格式可能无法满足模型的输入需求，因此，需要根据用户的逻辑自行实现预处理操作。Dataset 对象通过提供的 map(func)方法，可以非常方便地调用用户自定义的预处理逻辑，它在 func 函数中实现。

手写数字图片从 datasets 模块中加载后的图片大小为[28,28]，像素使用 0 ~ 255 的整型数值表示；标签为 0 ~ 1，即采样数字编码方式。实际的神经网络输入，一般需要将图片数据标准化为[0,1]或[-1,1]等 0 附近的区间，同时根据网络的设置，需要将大小为[28,28]的输入图片调整为合法的格式。对于标签信息，可以在预处理时进行独热编码，也可以在计算误差时进行独热编码。

将手写数字图片数据映射到[0,1]，图片尺寸调整为 28×28。对于标签数据，选择在预处理时进行独热编码，调用 preprocess 函数完成对手写数字识别样本的预处理操作，如代码 2-19 所示。

代码 2-19　调用 preprocess 函数完成预处理操作

```
# 自定义预处理函数
def train_preprocess(x, y):
    # 调用此函数时会自动传入 x、y 对象
    # 标准化为[0,1]
    x = tf.cast(x, dtype=tf.float32) / 255.
    x = tf.reshape(x, [-1, 28 * 28])
    y = tf.cast(y, dtype=tf.int32)  # 转换成整型张量
    # one_hot 接受的输入为 int32 类型，输出为 float32 类型
    y = tf.one_hot(y, depth=10)
    # 返回的 x、y 将替换传入的 x、y 参数，从而实现数据的预处理功能
    return x, y


def test_preprocess(x_test, y_test):
    x_test = tf.cast(x_test, dtype=tf.float32) / 255
    y_test = tf.cast(y_test, dtype=tf.int32)
    return x_test, y_test

# 在 preprocess 函数中完成预处理操作，传入函数名即可
train = train.map(train_preprocess)
test = test.map(test_preprocess)
```

2.3.3　构建深度学习神经网络

构建网络是深度学习中最重要的一个步骤。若网络太简单则无法学习到足够丰富的特征，所生成模型的性能无法满足需求；若网络太复杂则容易导致过拟合、训练时间过长等问题。而且对于不同类型的数据，要选择合适的网络结构才能取得较好的结果。

在深度学习中，构建网络通常是指搭建一个完整的神经网络结构。神经网络是一种应用类似于大脑突触连接的结构，进行信息处理的算法。神经网络已经被用于解决分类、回归等问题，同时被运用在机器视觉、语音识别等应用领域中。

神经网络是由具有适应性的简单单元组成的广泛并行互连网络，它能够模拟生物神经

系统对真实世界的交互反应。将多个神经元按一定的层次结构连接起来，就能得到一个神经网络。使用神经网络时，需要确定网络连接的拓扑结构、神经元的特征和学习规则等。图 2-20 所示的是常见的神经网络的层级结构，每层神经元与下一层的全部神经元相互连接，同层神经元之间不存在连接关系。

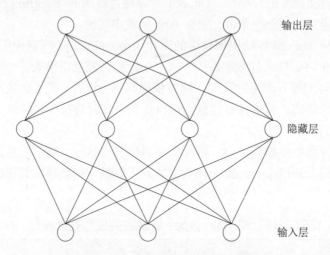

输出层

隐藏层

输入层

图 2-20　常见的神经网络的层级结构

图 2-20 所示的是简单的全连接神经网络，其中输入层神经元接收信号，最终输出结果由输出层神经元输出。输入层神经元只是接收输入，不进行函数处理。隐藏层与输出层包含功能神经元。值得注意的是，如果单个隐藏层网络不能满足实际生产需求，那么可在网络中设置多个隐藏层。

1. 输入层

输入层将所需要的数据直接输入网络。在大多情况下，可以通过 Dense 构建网络输入层，但是，由于本章的手写数字图片分类案例，主要通过 Input 函数构建输入层，因此重点介绍 Input 函数。通过 Dense 构建输出层的相关知识在第 3 章进行介绍。Input 函数向模型中输入数据，并指定数据的形状、数据类型等信息。Input 函数的基本语法格式如下。

```
tf.keras.Input(shape=None, batch_size=None, name=None, dtype=None, sparse=False,
tensor=None, ragged=False, **kwargs)
```

Input 函数的常用参数及其说明如表 2-9 所示。

表 2-9　Input 函数的常用参数及其说明

参数名称	参数说明
shape	接收 int 类型的值。表示一个形状元组（整数），不包括批处理大小。默认为 None
batch_size	接收 int 类型的值。表示批大小。默认为 None
name	接收 str 类型的值。表示层的名称。默认为 None
dtype	接收 int、float 等数据类型。表示期望的数据类型。默认为 None
sparse	接收 bool 类型的值。表示创建的占位符是否稀疏。默认为 False
ragged	接收 bool 类型的值。表示创建的占位符是否参差不齐。默认为 False

运用 Input 函数构建网络的输入层，如代码 2-20 所示。

代码 2-20　构建网络的输入层

```
x = tf.keras.Input(shape=(32, ))
y = tf.keras.layers.Dense(16, activation='softmax')(x)
model = tf.keras.Model(x, y)
print(model)
```

除了用 Input 函数构建输入层外，还可以运用 layers 模块下的 Flatten 函数展平输入，即将数据展平为一维数据。Flatten 函数的基本语法格式如下。

```
tf.keras.layers.Flatten(data_format=None, **kwargs)
```

Flatten 函数的常用参数及其说明如表 2-10 所示。

表 2-10　Flatten 函数的常用参数及其说明

参数名称	参数说明
data_format	接收 str 类型的值。表示输入中尺寸的顺序，对应具有形状的输入。默认为 None

运用 Flatten 函数对数据进行展平，如代码 2-21 所示。

代码 2-21　对数据进行展平

```
model = tf.keras.Sequential()
# 展平为一维数组
model.add(tf.keras.layers.Flatten(input_shape=(28, 28)))
model.add(tf.keras.layers.Dense(10, activation='softmax'))
```

2. 隐藏层

隐藏层是神经网络的一个重要概念，它是指除了输入层、输出层之外的中间层。输入层和输出层是对外可见的，也被称为可视层。而中间层不直接暴露出来，是模型的黑箱部分，通常难具可解释性。

在深度学习中，隐藏层主要包括卷积层、全连接层、池化层等，本章将重点介绍全连接层。全连接层的每一个节点都与上一层的所有节点相连，用于将前面提取到的特征综合起来。由于全连接层具有全相连特性，因此，一般情况下，全连接层的参数也是相对较多的。通常使用 layers 模块下的 Dense 函数构建全连接层，其基本语法格式如下。

```
tf.keras.layers.Dense(units, activation=None, use_bias=True, kernel_initializer=
'glorot_uniform', bias_initializer='zeros', kernel_regularizer=None, bias_
regularizer=None, activity_regularizer=None, kernel_constraint=None, bias_
constraint=None, **kwargs)
```

Dense 函数的常用参数及其说明如表 2-11 所示。

表 2-11　Dense 函数的常用参数及其说明

参数名称	参数说明
units	接收 int 类型的值。表示输出节点。无默认值
activation	接收函数。表示激活函数，如果未指定任何内容，那么不会应用任何激活函数。默认为 None

参数名称	参数说明
use_bias	接收 bool 类型的值。表示层是否使用偏差矢量。默认为 True
kernel_initializer	接收 str 类型的值。表示权重矩阵的初始化方法。默认为 glorot_uniform
bias_initializer	接收 str 类型的值。表示偏置向量的初始化器。默认为 zeros
kernel_regularizer	接收函数。表示应用于 kernel 权重矩阵的正则化函数。默认为 None
bias_regularizer	接收函数。表示应用于偏置向量的正则化函数。默认为 None

运用 Dense 函数构建具有单个全连接层的神经网络，如代码 2-22 所示。

代码 2-22　构建具有单个全连接层的神经网络

```
# 构建单个全连接层
model = tf.keras.models.Sequential()
# 输入矩阵的大小为 (None, 16)
model.add(tf.keras.Input(shape=(16, )))
model.add(tf.keras.layers.Dense(32, activation='relu'))
# 输出矩阵的大小为 (None, 32)
print('输出矩阵的大小: ', model.output_shape)
```

Dense 函数除了可以构建单个全连接层外，还可以构建多个全连接层。通过代码 2-23 可以构建一个简单的、具有两个全连接层的神经网络，且输入和输出都只有一个数。

代码 2-23　构建具有两个全连接层的神经网络

```
model = tf.keras.models.Sequential()
# 输入矩阵的大小为 (None, 1)
model.add(tf.keras.Input(shape=(1, )))
# 定义第一个全连接层
model.add(tf.keras.layers.Dense(5, activation='sigmoid'))
# 定义第二个全连接层
model.add(tf.keras.layers.Dense(1, activation='sigmoid'))
```

3. 输出层

网络最后一层，除了和所有的隐藏层一样，能够完成维度变换、特征提取的功能之外，还可以作为输出层使用，根据输出值的范围进行分类。常见的输出类型和范围如下。

（1）普通实数，如函数值趋势的预测问题、年龄的预测问题等。

（2）[0,1]，如图片的像素值的范围一般为[0,1]，又如二分类问题的概率（如硬币为正面或反面的概率）。输出层可以只设置一个输出节点，表示某个事件 A 发生的概率（如硬币为正面的概率），x 为网络输入。单输出节点的二分类网络结构如图 2-21 所示。

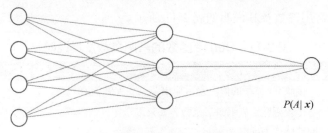

$P(A|x)$

图 2-21　单输出节点的二分类网络结构

对于二分类问题，除了可以使用单个输出节点表示事件 A 发生的概率之外，还可以分别预测事件 A（硬币为正面）和事件 A 的对立事件（硬币为反面）发生的概率，即将二分类网络的输出层设为两个输出节点，如图 2-22 所示。

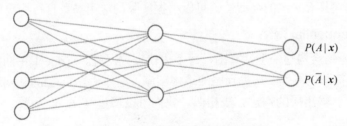

图 2-22　两个输出节点的二分类网络

对于多分类问题，如 MNIST 手写数字图片识别，10 个类别的概率之和为 1。输出层的每个输出节点代表一个类别，图 2-23 所示的网络结构用于处理三分类（类别 A、B、C）任务，3 个节点的输出值分别代表样本属于类别 A、类别 B 和类别 C 的概率，且概率之和为 1。考虑多分类问题中的样本只可能属于所有类别中的某一个，因此满足所有类别概率之和为 1 的约束。

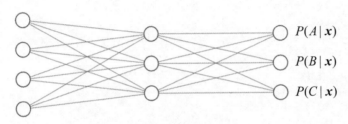

$$P(A|\boldsymbol{x}) + P(B|\boldsymbol{x}) + P(C|\boldsymbol{x}) = 1$$

图 2-23　多分类网络结构

（3）[−1,1]。

如果输出值的范围为[−1,1]，可以简单地使用 tanh 激活函数，如代码 2-24 所示。

代码 2-24　使用 tanh 激活函数

```
x = tf.linspace(-6., 6., 10)
tf.tanh(x)  # tanh 激活函数
```

运行代码 2-24 得到的结果如下。

```
<tf.Tensor: shape=(10,), dtype=float32, numpy=
array([-0.99998784, -0.99982315, -0.9974579 , -0.9640276 , -0.58278286,
        0.58278316, 0.9640276 , 0.99745804, 0.99982315, 0.99998784],
      dtype=float32)>
```

Dense 函数除了可以用于构建全连接层之外，还可以用于构建输出层。使用 Dense 函数构建输出层，如代码 2-25 所示。

代码 2-25　构建输出层

```
model = tf.keras.models.Sequential()
model.add(tf.keras.Input(shape=(10, )))
```

```
# 定义全连接层
model.add(tf.keras.layers.Dense(12, activation='relu'))
# 输出层
model.add(tf.keras.layers.Dense(1, activation='softmax'))
```

输出层的构建具有一定的灵活性，可以根据实际的应用场景自行构建。

4. 构建 Sequential 网络

Sequential 网络会构建一个计算图，每个边代表数据流。Sequential 网络是函数式网络的简略版，为最简单的线性、从头到尾的结构顺序，不分叉。Sequential 网络的构建方法与输出层、隐藏层、输出层的构建方法相似。我们可以通过 Flatten 函数、Dense 函数构建 Sequential 网络。

Sequential 模型的基本组件有 5 个部分，包括 model.add（添加层）、model.compile（网络编译参数设置及编译）、model.fit（网络训练参数设置及训练）、模型评估和模型预测。

为手写数字图片构建 Sequential 网络并输出网络形状，如代码 2-26 所示。

代码 2-26　构建 Sequential 网络

```
# 读取文件数据
data = np.load('../data/mnist.npz')
# 查看数据集合
print(data.files)
train_images, train_labels, test_images, test_labels = data['x_train'], data[
    'y_train'], data['x_test'], data['y_test']

# 构建 Sequential 网络
model = tf.keras.models.Sequential()
# 将添加的特征(28×28)展平为一维数组
model.add(tf.keras.layers.Flatten(input_shape=(28, 28)))
# 定义第一层
model.add(tf.keras.layers.Dense(128, activation='relu'))
# 定义第二层
model.add(tf.keras.layers.Dense(10, activation='softmax'))
# 输出网络
print(model.summary())
```

运行代码 2-26 得到的结果如下。

```
['x_test', 'x_train', 'y_train', 'y_test']
Model: "sequential_5"


Layer (type)                 Output Shape              Param #
=================================================================
flatten_1 (Flatten)          (None, 784)               0

dense_8 (Dense)              (None, 128)               100480

dense_9 (Dense)              (None, 10)                1290
=================================================================
Total params: 101,770
Trainable params: 101,770
Non-trainable params: 0
```

注意，代码 2-26 运行结果中 flatten_1、dense_8、dense_9 表示自动生成的网络层的名字。

2.3.4 编译网络

网络构建完成后还不能直接将样本放入其中进行训练，还须指定优化器、损失函数等相关参数才能进行网络训练。上述过程一般在网络编译环节完成。

1. 设置优化器

常见的优化器有以下几种。

（1）随机梯度下降（Stochastic Gradient Descent，SGD）优化器。

SGD 优化器的定义如下。

```
tf.keras.optimizers.SGD(learning_rate=0.01, momentum=0.0, nesterov=False,
name='SGD', **kwargs)
```

SGD 优化器的常用参数及其说明如表 2-12 所示。

表 2-12　SGD 优化器的常用参数及其说明

参数名称	参数说明
learning_rate	接收 float 类型的值。表示学习率。默认为 0.01
momentum	接收 float 类型的值。表示在相关方向上加速梯度下降并抑制振荡。默认为 0.0
nesterov	接收 bool 类型的值。表示是否应用动量。默认为 False
name	接收 str 类型的值。表示创建操作的可选名称前缀。默认为 SGD

当 nesterov=False 时，更新规则如下（g 为损失函数对 w 的梯度）。

```
velocity = momentum * velocity - learning_rate * g
w = w + momentum * velocity - learning_rate * g
```

（2）RMSprop 优化器。

RMSprop 优化器是实现了 RMSprop 算法的优化程序，其定义如下。

```
tf.keras.optimizers.RMSprop(learning_rate=0.001, rho=0.9, momentum= 0.0, epsilon=
1e-07, centered=False, name='RMSprop', **kwargs)
```

RMSprop 优化器的常用参数及其说明如表 2-13 所示。

表 2-13　RMSprop 优化器的常用参数及其说明

参数名称	参数说明
learning_rate	接收 float 类型的值。表示学习率。默认为 0.001
rho	接收 float 类型的值。表示折现因子。默认为 0.9
momentum	接收 float 类型的值。表示在相关方向上加速梯度下降并抑制振荡。默认为 0.0
name	接收 str 类型的值。表示创建操作的可选名称前缀。默认为 RMSprop

使用 RMSprop 优化器的关键是保持梯度平方的移动（折后）平均值，将梯度除以其二阶矩的开方，从而抑制了搜索时的摆动幅度。RMSprop 优化器的实现使用简单动量，而不是 Nesterov 动量。

（3）Adagrad 优化器。

Adagrad 优化器是实现了 Adagrad 算法的优化程序，其定义如下。

```
tf.keras.optimizers.Adagrad(learning_rate=0.001, initial_accumulator_value=0.1,
epsilon= 1e-07, name='Adagrad', **kwargs)
```

Adagrad 优化器的常用参数及其说明如表 2-14 所示。

表 2-14　Adagrad 优化器的常用参数及其说明

参数名称	参数说明
learning_rate	接收 float 类型的值。表示学习率。默认为 0.001
initial_accumulator_value	接收 float 类型的值。表示累加器的起始值必须为非负值。默认为 0.1
name	接收 str 类型的值。表示创建操作的可选名称前缀。默认为 Adagrad

Adagrad 优化器能够在训练中自动对学习率进行调整，对于出现频率较低的参数采用较大的学习率进行更新。相反，对于出现频率较高的参数采用较小的学习率进行更新。

（4）Adam 优化器。

Adam 优化器是实现了 Adam 算法的优化程序，其定义如下。

```
tf.keras.optimizers.Adam(learning_rate=0.001,    beta_1=0.9,    beta_2=0.999,
epsilon=1e-07, amsgrad=False, name='Adam', **kwargs)
```

Adam 优化器的常用参数及其说明如表 2-15 所示。

表 2-15　Adam 优化器的常用参数及其说明

参数名称	参数说明
learning_rate	接收 float 类型的值。表示学习率。默认为 0.001
beta_1	接收 float 类型的值。表示第一时刻的指数衰减率估算值。默认为 0.9
beta_2	接收 float 类型的值。表示第二时刻的指数衰减率估算值。默认为 0.999
name	接收 str 类型的值。表示创建操作的可选名称前缀。默认为 Adam

Adam 是一种基于随机估计的、一阶和二阶矩的 SGD 方法，该方法存在计算效率高、内存需求少等特点。

2. 设置损失函数

损失函数（loss function）是深度学习中非常重要的内容，它用于度量模型输出值与目标值的差异，是评估模型效果的一个重要指标。损失值越小，表明模型的效果越好。

常用的内置损失函数如表 2-16 所示。

表 2-16　常用的内置损失函数

损失函数	TensorFlow 形式	说明
平均绝对误差损失函数	tf.keras.losses.MeanAbsoluteError、 tf.keras.losses.MAE	用于回归问题
均方误差损失函数	tf.keras.losses.MeanSquaredError、 tf.keras.losses.MSE	用于回归问题

损失函数	TensorFlow 形式	说明
Huber 损失函数	tf.keras.losses.Huber	用于回归问题,只有类实现形式,介于绝对值误差和平方误差之间
合页损失函数	tf.keras.losses.hinge	用于二分类问题,常作为支持向量机的损失函数
二元交叉熵损失函数	tf.keras.losses.binary_crossentropy	用于二分类问题
类别交叉熵损失函数	tf.keras.losses.categorical_crossentropy	用于多分类问题,要求标签为独热编码形式
稀疏类别交叉熵损失函数	tf.keras.losses.sparse_categorical_crossentropy	用于多分类问题,要求标签为序号编码形式

本小节将对常见的损失函数进行简单的介绍。注意,在 TensorFlow 2 中,设置损失函数是在 losses 模块下进行的,而 2.3.6 小节计算模型评估指标是在 metrics 模块下进行的。

(1)平均绝对误差损失函数。

平均绝对误差(Mean Absolute Error,MAE)计算公式如式(2-2)所示。

$$\mathrm{MAE} = \frac{1}{n}\sum_{i=1}^{n}|E_i| = \frac{1}{n}\sum_{i=1}^{n}|Y_i - \hat{Y}_i| \qquad (2\text{-}2)$$

式(2-2)中,MAE 表示平均绝对误差,E_i 表示第 i 个实际值与预测值的误差,Y_i 表示第 i 个实际值,$\hat{Y}_i$ 表示第 i 个预测值。由于预测误差有正有负,为了避免正负相抵消,因此取误差的绝对值进行综合并取其平均数。误差的值越小,即损失函数越小,模型的效果也就越好。

在 TensorFlow 2 中使用 MeanAbsoluteError 函数计算真实值和预测值之间的平均绝对误差,其基本语法格式如下。

```
tf.keras.losses.MeanAbsoluteError(reduction=losses_utils.ReductionV2.AUTO,
name='mean_absolute_error')
```

MeanAbsoluteError 函数的常用参数及其说明如表 2-17 所示。

表 2-17 MeanAbsoluteError 函数的常用参数及其说明

参数名称	参数说明
reduction	接收损失类型。AUTO 表示减少选项将由使用情况上下文确定。默认为 losses_utils.ReductionV2.AUTO
name	接收 str 类型的值。表示操作的可选名称。默认为 mean_absolute_error

运用 MeanAbsoluteError 函数计算平均绝对误差如代码 2-27 所示。

代码 2-27 计算平均绝对误差

```
y_true = [[0., 0.], [0., 1.]]
y_pred = [[1., 0.], [1., 1.]]
mae = tf.keras.losses.MeanAbsoluteError()
print(mae(y_true, y_pred).numpy())
```

运行代码 2-27 所得结果为 0.5。

除了 MeanAbsoluteError 函数之外，还可以运用 MAE 函数计算平均绝对误差，其基本语法格式如下。

```
tf.keras.losses.MAE(y_true, y_pred)
```

MAE 函数的常用参数及其说明如表 2-18 所示。

表 2-18　MAE 函数的常用参数及其说明

参数名称	参数说明
y_true	接收 int、float 类型的值。表示真实值。无默认值
y_pred	接收 int、float 类型的值。表示预测值。无默认值

运用 MAE 函数计算平均绝对误差，如代码 2-28 所示。

代码 2-28　计算平均绝对误差

```
y_true = np.random.randint(0, 2, size=(2, 3))
y_pred = np.random.random(size=(2, 3))
loss = tf.keras.losses.MAE(y_true, y_pred)
print(mae(y_true, y_pred).numpy())
```

运行代码 2-28 所得结果为 0.5779013633728027。由于 y_true 和 y_pred 是随机产生的，因此计算结果可能不同。

（2）均方误差损失函数。

如式（2-1）所示，均方误差是误差平方之和的平均数，它避免了正负误差不能相加的问题，且可用于还原平方失真程度。均方误差越小，即损失函数越小，模型的性能就越好。

在 TensorFlow 2 中使用 MeanSquaredError 函数设置均方误差损失函数，计算标签和预测值之间的误差平方的均值，其基本语法格式如下。

```
tf.keras.losses.MeanSquaredError(reduction=losses_utils.ReductionV2.AUTO, name=
'mean_squared_error')
```

MeanSquaredError 函数的常用参数及其说明如表 2-19 所示。

表 2-19　MeanSquaredError 函数的常用参数及其说明

参数名称	参数说明
reduction	接收损失类型。AUTO 表示减少选项将由使用情况上下文确定。默认为 losses_utils.ReductionV2.AUTO
name	接收 str 类型的值。表示操作的可选名称。默认为 mean_squared_error

运用 MeanSquaredError 函数计算均方误差如代码 2-29 所示。

代码 2-29　计算均方误差

```
y_true = [[0., 1.], [0., 0.]]
y_pred = [[1., 1.], [1., 0.]]
mse = tf.keras.losses.MeanSquaredError()
print(mse(y_true, y_pred).numpy())
```

运行代码 2-29 所得结果为 0.5。

除了 MeanSquaredError 函数之外，还可以运用 MSE 函数计算均方误差，其基本语法格式如下。

```
tf.keras.losses.MSE(y_true, y_pred)
```

MSE 函数的常用参数及其说明如表 2-20 所示。

表 2-20　MSE 函数的常用参数及其说明

参数名称	参数说明
y_true	接收 int、float 类型的值。表示真实值。无默认值
y_pred	接收 int、float 类型的值。表示预测值。无默认值

运用 MSE 函数计算均方误差，如代码 2-30 所示。

代码 2-30　计算均方误差

```
y_true = np.random.randint(0, 2, size=(2, 3))
y_pred = np.random.random(size=(2, 3))
loss = tf.keras.losses.MSE(y_true, y_pred)
print(mae(y_true, y_pred).numpy())
```

运行代码 2-30 所得结果为 0.7609187364578247。由于 y_true 和 y_pred 是随机产生的，因此均方误差计算结果可能不同。

（3）二元交叉熵损失函数。

交叉熵（cross entropy）主要用于度量两个概率分布间的差异性信息。交叉熵可在神经网络（深度学习）中作为损失函数，p 表示真实标记的分布，q 表示训练后的模型的预测标记分布，交叉熵损失函数可以衡量 p 与 q 的相似性。使用交叉熵损失函数的一个好处是使用 Sigmoid 函数在梯度下降时能避免均方误差损失函数学习率降低的问题，因为学习率可以被输出的误差所控制。交叉熵计算公式如式（2-3）所示。

$$H(p,q) = -\sum_{i=1}^{n} p(x_i)\log(q(x_i)) \qquad (2\text{-}3)$$

其中 $p(x_i)$ 表示样本的真实分布，$q(x_i)$ 表示模型所预测的分布。

当问题属于二分类时，常用的损失函数为二元交叉熵损失函数，采用 binary_crossentropy 函数计算二进制交叉熵损失。

binary_crossentropy 函数的基本语法格式如下。

```
tf.keras.losses.binary_crossentropy(y_true, y_pred, from_logits=False, label_smoothing=0)
```

binary_crossentropy 函数的常用参数及其说明如表 2-21 所示。

表 2-21　binary_crossentropy 函数的常用参数及其说明

参数名称	参数说明
y_true	接收 int、float 类型的值。表示真实值。无默认值
y_pred	接收 int、float 类型的值。表示预测值。无默认值
from_logits	接收 bool 类型的值。表示是否预期为 logits 张量。默认情况下，假设对概率分布进行编码。默认为 False
label_smoothing	接收 int 类型的值。表示是否使标签光滑。默认为 0

运用 binary_crossentropy 函数计算二进制交叉熵损失，如代码 2-31 所示。

代码 2-31　计算二进制交叉熵损失

```
y_true = [[0, 1], [0, 0]]
y_pred = [[0.6, 0.4], [0.4, 0.6]]
loss = tf.keras.losses.binary_crossentropy(y_true, y_pred)
assert loss.shape == (2, )
print(loss.numpy())
```

运行代码 2-31 所得结果为[0.9162905　0.71355796]。

（4）稀疏类别交叉熵损失函数。

如果类别标签过多（例如与文本词袋相关的分类问题，标签有上千个），那么进行独热编码将不利于存储和运算。在类别标签太多的情况下，通常先考虑使用稀疏类别交叉熵，在深度学习中可以直接使用 sparse_categorical_crossentropy 函数来计算。

sparse_categorical_crossentropy 函数的基本语法格式如下。

```
tf.keras.losses.sparse_categorical_crossentropy(y_true, y_pred, from_logits=
False, axis=-1)
```

sparse_categorical_crossentropy 函数的常用参数及其说明如表 2-22 所示。

表 2-22　sparse_categorical_crossentropy 函数的常用参数及其说明

参数名称	参数说明
y_true	接收 int、float 类型的值。表示真实值。无默认值
y_pred	接收 int、float 类型的值。表示预测值。无默认值
from_logits	接收 bool 类型的值。表示是否预期为 logits 张量。默认情况下，假设对概率分布进行编码。默认为 False
axis	接收 int 类型的值。表示计算熵的维度。默认为−1

运用 sparse_categorical_crossentropy 函数计算稀疏类别交叉熵损失，如代码 2-32 所示。

代码 2-32　计算稀疏类别交叉熵损失

```
y_true = [1, 2]
y_pred = [[0.05, 0.95, 0], [0.1, 0.8, 0.1]]
loss = tf.keras.losses.sparse_categorical_crossentropy(y_true, y_pred)
assert loss.shape == (2, )
print(loss.numpy())
```

运行代码 2-32 所得结果为[0.05129344　2.3025851]。

网络构建完毕后，在训练网络前必须进行编译，否则在调用 fit 或 evaluate 方法时会抛出异常。可以使用 compile 方法来编译网络，其基本语法格式如下。

```
model.compile(optimizer, loss = None, metrics = None, loss_weights = None, sample_
weight_mode = None, weighted_metrics = None, target_tensors = None)
```

在 compile 方法中最常用到的 3 个参数为 optimizer、loss 和 metrics，其说明如下。

optimizer：优化器对象。优化是通过比较预测函数和损失函数来优化输入权重的重要过程。

loss：损失函数，用于发现学习过程中的错误或偏差。在网络编译过程中需要损失函数，所有损失函数都需要接受 y_true、y_pred 这两个参数。

metrics：指标，用于评估模型的性能。它类似于损失函数，但在训练过程中未使用。其指标 accuracy、binary_accuracy、categorical_accuracy、cosine_proximity 等，与损失函数类似，指标需要接受 y_true、y_pred 这两个参数，相关指标将在 2.3.6 小节进行介绍。

对构建好的 Sequential 网络进行编译，将其中优化器对象设为 Adam 优化器，损失函数设为稀疏类别交叉熵损失函数（sparse_categorical_crossentropy），指标设为 accuracy，如代码 2-33 所示。

代码 2-33　对构建好的 Sequential 网络进行编译

```
model.compile(optimizer='adam', loss='sparse_categorical_crossentropy', metrics=['accuracy'])
```

2.3.5　训练网络

网络构建和编译完成后，即可将训练样本传入网络进行训练。在训练网络的过程中，可通过调整 epochs（迭代次数）、batch_size（批大小）等参数的值，对网络训练过程进行优化。

1. 迭代次数

训练网络时，通过设置 epochs 参数调整训练中网络的迭代次数，epochs 的值为多少就表示所有训练样本传入网络后训练多少轮（如 epochs 为 1，表示所有训练样本传入网络后训练 1 轮）。当迭代次数的值设置得太小时，训练得到的模型效果较差，可以适当增大迭代次数，从而优化模型的效果。但是，当迭代次数的值设置得太大时（数据特征有限），可能会导致模型过拟合、训练时间过长等问题的出现。因此，用户可以根据自身的情况设置一个合适的迭代次数。

在迭代训练的过程中，损失值会随迭代次数的变化而变化。在迭代次数增大的过程中，损失值可能会呈现波动变化的趋势，即有增有减。如果到达一定的迭代次数后，损失值已基本稳定在一个值附近，此时继续训练可能会导致过拟合。用户可以根据回调检查（2.3.6 小节将介绍）中损失值和准确率的变化趋势适当调整迭代次数的值，当趋势逐渐平稳时，则表明迭代次数的值设置得较为理想。

2. 批大小

为了更好地利用 GPU 的计算能力，一般在网络的训练过程中会同时计算多个样本，这种训练方式被称为批训练。运用批训练主要有以下优点。

（1）内存利用率提高，大矩阵乘法的并行化效率提高。

（2）"跑"完一次数据集所需的迭代次数减少，对相同数据量的处理速度进一步加快。

（3）通常在合理的范围内，训练中使用的批大小越大，其确定的下降方向越准确，引起的训练振荡越小。

用户可以根据自己的需求设置 batch_size，一般根据用户的 GPU 显存资源来设置，若设置的值太大，当显存不足时，可能会导致训练终止；若设置的值太小，没有充分利用 GPU 计算资源，会使得训练速度较慢。

3. 训练 Sequential 网络

构建好网络之后，需要使用大量的数据对网络进行训练。fit()方法是最为常见一种的训练网络的方法，以给定轮次（数据集上的迭代）进行训练，并返回一个 History 对象。fit 方法的基本语法格式如下。

```
model.fit(x, y, batch_size=32, epochs=10, verbose=1, callbacks=None, validation_
split=0.0, validation_data=None, shuffle=True, class_weight=None, sample_weight=
None, initial_epoch=0)
```

fit 方法的常用参数及其说明如表 2-23 所示。

表 2-23　fit 方法的常用参数及其说明

参数名称	参数说明
x	接收数组、列表或字典。表示训练数据的 NumPy 数组（模型只有一个输入），或 NumPy 数组的列表（模型有多个输入）。若模型中的输入层被命名，则可以传递一个字典，将输入层名称映射到 NumPy 数组。无默认值
y	接收数组、列表。表示目标（标签）数据的 NumPy 数组（模型只有一个输出），或 NumPy 数组的列表（模型有多个输出）。如果模型中的输出层被命名，那么可以传递一个字典，将输出层名称映射到 NumPy 数组。无默认值
batch_size	接收 int 类型的值。表示批训练中每次梯度更新的样本数。默认为 32
epochs	接收 int 类型的值。表示训练模型迭代轮次，一次是在整个 x 和 y 上的一轮迭代。默认为 10，注意，与 initial_epoch 一起时，epochs 被理解为"最终轮次"，模型并不是训练了 epochs 轮，而是到第 epochs 轮停止训练
verbose	接收 0、1 或 2。表示日志显示模式，0 为不显示，1 为显示进度条，2 为每轮迭代显示一行。默认为 1
validation_split	接收 float 类型的值。表示用作验证集的训练数据的比例。默认为 0.0
validation_data	接收元组。表示用于评估损失，以及在每轮结束时的任何模型评估指标。默认为 None
shuffle	接收 bool 类型的值。表示处理 HDF5 数据限制的特殊选项，对一个 batch 内部的数据进行混洗。默认为 True

神经网络构建完成后需要对神经网络进行训练，通常有以下步骤。

（1）传入训练数据——训练集特征 x 和训练集标签 y。

（2）训练网络去关联图片和标签。

（3）网络对测试集特征 x_test 进行预测，并用测试集标签 y_test 验证预测结果。

使用 fit 方法对编译好的 Sequential 网络进行训练，其中 epochs 设为 20，即对所有训练数据进行 20 轮迭代，batch_size 设为 128，如代码 2-34 所示。

代码 2-34　训练网络

```
model.fit(train_images, train_labels, verbose=1, epochs=20, batch_size=128,
validation_data=(test_images, test_labels))
```

运行代码 2-34 得到的结果如下。

```
Epoch 1/20
469/469 [==============================] - 2s 4ms/step - loss: 4.3744 - accuracy:
0.8690 - val_loss: 1.0742 - val_accuracy: 0.9119
Epoch 2/20
469/469 [==============================] - 2s 3ms/step - loss: 0.6800 - accuracy:
0.9201 - val_loss: 0.5210 - val_accuracy: 0.9146
……
Epoch 18/20
469/469 [==============================] - 2s 3ms/step - loss: 0.0907 - accuracy:
0.9761 - val_loss: 0.2551 - val_accuracy: 0.9589
Epoch 19/20
469/469 [==============================] - 2s 4ms/step - loss: 0.0963 - accuracy:
0.9758 - val_loss: 0.2735 - val_accuracy: 0.9579
Epoch 20/20
469/469 [==============================] - 2s 4ms/step - loss: 0.0956 - accuracy:
0.9750 - val_loss: 0.2725 - val_accuracy: 0.9564
```

2.3.6 性能评估

训练网络结束后，需要计算曲线下面积（Area Under the Curve，AUC）、准确率、精度、平均绝对误差、均方误差等评估指标的值，即进行性能评估，以便调整模型取得更好的效果。

1. 评估指标

训练网络时，需要观察损失和分类精度等评估指标的变化，以便调整网络，使得模型取得更好的效果。在 metrics 模块中，常见的性能评估指标如表 2-24 所示。

表 2-24　常见的性能评估指标

指标	TensorFlow 形式	说明
AUC	tf.keras.metrics.AUC	计算 AUC
准确率	tf.keras.metrics.Accuracy	计算预测与标签相等的频率
精度	tf.keras.metrics.Precision	计算有关标签的预测精度
二进制精度	tf.keras.metrics.BinaryAccuracy	计算预测与二进制标签匹配的频率
二进制交叉熵	tf.keras.metrics.BinaryCrosstropy	计算标签和预测之间的交叉熵度量
分类精度	tf.keras.metrics.CategoricalAccuracy	计算预测与一次热门标签匹配的频率
类别交叉熵	tf.keras.metrics.CategoricalCrosssentropy	计算标签和预测之间的交叉熵度量
余弦相似度	tf.keras.metrics.CosineSimilarity	计算标签和预测之间的余弦相似度
假阴性	tf.keras.metrics.FalseNegatives	计算假阴性的数量
平均绝对误差	tf.keras.metrics.MeanAbsoluteError	计算标签和预测之间的平均绝对误差
均方误差	tf.keras.metrics.MeanSquaredError	计算标签和预测之间的均方误差

（1）AUC。

AUC 的上限为 1、下限为 0。在深度学习中，模型的 AUC 一般会大于 0.5，如果模型的值远远小于 0.5，那么可能是标签不对应所导致的。AUC 越大，模型就越精确。通常使用 metrics 模块的 AUC 函数，通过黎曼和求出近似 AUC。

AUC 函数的基本语法格式如下。

```
tf.keras.metrics.AUC(num_thresholds=200, curve='ROC', summation_method=
'interpolation', name=None, dtype=None, thresholds=None, multi_label=False,
label_weights=None)
```

AUC 函数的常用参数及其说明如表 2-25 所示。

表 2-25　AUC 函数的常用参数及其说明

参数名称	参数说明
num_thresholds	接收 int 类型的值。表示离散化受试者操作特征（Receiver Operator Characteristic，ROC）曲线时要使用的阈值数，其值必须大于 1。默认为 200
curve	接收 str 类型的值。表示指定要计算的曲线的名称。默认为 ROC
summation_method	接收 str 类型的值。表示指定使用黎曼和。默认为 interpolation
name	接收 str 类型的值。表示度量标准实例的字符串名称。默认为 None
dtype	接收 int、float 等数据类型。表示度量标准结果的数据类型。默认为 None
thresholds	接收 float 类型的值。表示离散化曲线的阈值。默认为 None
multi_label	接收 bool 类型的值。表示指示是否应这样对待多标签数据。默认为 False
label_weights	接收列表、数组或张量。表示用于计算多标签数据的 AUC 的非负权重。默认为 None

AUC 函数创建 4 个局部变量来计算 AUC：true_positives（TP），即被预测为正的正样本；true_negatives（TN），即被预测为负的负样本；false_positives（FP），即被预测为正的负样本；false_negatives（FN），即被预测为负的正样本。ROC 曲线的横坐标是假正率（False Positive Rate），纵坐标是真正率（True Positive Rate），相应还有真负率（True Negative Rate）和假负率（False Negative Rate）。为了离散化 ROC 曲线，使用线性间隔的一组阈值来计算成对的召回率和精度。

单独运用 metrics 模块的 AUC 函数计算 AUC 如代码 2-35 所示。

代码 2-35　计算 AUC

```
m = tf.keras.metrics.AUC(num_thresholds=3)
m.update_state([0, 0, 1, 1], [0, 0.5, 0.3, 0.9])
print(m.result().numpy())
```

运行代码 2-35 所得结果为 0.75。

除了可以单独使用 AUC 函数计算 AUC 外，还可以结合 2.3.4 小节中的 compile 方法计算 AUC。compile 方法中带有一个 metrics 参数，该参数即为评估指标，计算的指标值将在模型使用 fit 训练时显示。本章主要通过计算准确率对手写数字识别分类模型进行模型评估，所以，此处仅介绍其代码样式，无运行结果，如代码 2-36 所示。

代码 2-36　结合 compile 方法计算 AUC 的代码样式

```
model.compile(optimizer='adam', loss='sparse_categorical_crossentropy',
            metrics=[tf.keras.metrics.AUC()])
model.fit(train_images, train_labels, verbose=1, epochs=20, batch_size=128,
            validation_data=(test_images, test_labels))
```

（2）准确率。

准确率（accuracy）为预测正确的结果所占总样本的百分比。如果问题为二分类问题，可以运用 metrics 模块的 BinaryAccuracy 函数计算模型的准确率，其基本语法格式如下。

```
tf.keras.metrics.BinaryAccuracy(name='binary_accuracy', dtype=None, threshold= 0.5)
```

BinaryAccuracy 函数的常用参数及其说明如表 2-26 所示。

表 2-26　BinaryAccuracy 函数的常用参数及其说明

参数名称	参数说明
name	接收 str 类型的值。表示度量标准实例的字符串名称。默认为 binary_accuracy
dtype	接收 int、float 等数据类型。表示度量标准结果的数据类型。默认为 None

运用 metrics 模块的 BinaryAccuracy 函数计算准确率如代码 2-37 所示。

代码 2-37　使用 BinaryAccuracy 函数计算准确率

```
m = tf.keras.metrics.BinaryAccuracy()
m.update_state([[1], [1], [0], [0]], [[0.98], [1], [0], [0.6]])
print(m.result().numpy())
```

运行代码 2-37 所得结果为 0.75。

除了单独使用 BinaryAccuracy 函数计算准确率，还可以和 compile 方法一起使用，与计算 AUC 的方式相似。计算其他评估指标也可以使用相同的方法，只是 metrics 参数的值不同。由于手写数字识别是多分类问题，而 BinaryAccuracy 函数通常用于二分类问题，因此此处仅介绍其代码样式，没有运行结果，如代码 2-38 所示。

代码 2-38　结合 compile 方法计算准确率的代码样式

```
model.compile(optimizer='adam', loss='sparse_categorical_crossentropy', metrics=
[tf.keras.metrics.BinaryAccuracy()])
model.fit(train_images, train_labels, verbose=1, epochs=20, batch_size=128,
validation_data= (test_images, test_labels))
```

如果问题为多分类问题(存在多个标签类)，那么可运用 metrics 模块的 CategoricalAccuracy 函数计算模型的准确率，其基本语法格式如下。

```
tf.keras.metrics.CategoricalAccuracy(name='categorical_accuracy', dtype=None)
```

CategoricalAccuracy 函数的常用参数及其说明如表 2-27 所示。

表 2-27　CategoricalAccuracy 函数的常用参数及其说明

参数名称	参数说明
name	接收 str 类型的值。表示度量标准实例的字符串名称。默认为 categorical_accuracy
dtype	接收 int、float 等数据类型。表示度量标准结果的数据类型。默认为 None

运用 metrics 模块的 CategoricalAccuracy 函数计算准确率如代码 2-39 所示。

代码 2-39　使用 CategoricalAccuracy 函数计算准确率

```
m = tf.keras.metrics.CategoricalAccuracy()
m.update_state([[0, 0, 1], [0, 1, 0]], [[0.1, 0.9, 0.8], [0.05, 0.95, 0]])
print(m.result().numpy())
```

运行代码 2-39 所得结果为 0.5。

将 CategoricalAccuracy 函数与 compile 方法一起使用计算准确率，如代码 2-40 所示。

代码 2-40　结合 compile 方法计算准确率

```
model1 = tf.keras.models.Sequential()
model1.add(tf.keras.layers.Flatten(input_shape=(28, 28)))
model1.add(tf.keras.layers.Dense(128, activation='relu'))
model1.add(tf.keras.layers.Dense(10, activation='softmax'))

model1.compile(optimizer='adam', loss='sparse_categorical_crossentropy',
metrics=[tf.keras.metrics.CategoricalAccuracy()])
model1.fit(train_images, train_labels, verbose=1, epochs=20, batch_size=128,
validation_data=(test_images, test_labels))
```

运行代码 2-40 得到的结果如下。

```
Epoch 1/20
469/469 [==============================] - 3s 5ms/step - loss: 0.0556 -
categorical_accuracy: 0.0984 - val_loss: 0.7490 - val_categorical_accuracy:
0.0982
Epoch 2/20
469/469 [==============================] - 2s 4ms/step - loss: 0.0516 -
categorical_accuracy: 0.0985 - val_loss: 0.8305 - val_categorical_accuracy:
0.0982
……
Epoch 19/20
469/469 [==============================] - 2s 4ms/step - loss: 0.0389 -
categorical_accuracy: 0.0983 - val_loss: 0.9571 - val_categorical_accuracy:
0.0976
Epoch 20/20
469/469 [==============================] - 2s 5ms/step - loss: 0.0413 -
categorical_accuracy: 0.0984 - val_loss: 0.9558 - val_categorical_accuracy:
0.1002
```

由代码 2-40 的运行结果可知，经过 20 次迭代后的准确率为 0.0984。计算 categorical_accuracy 指标，要求真实值为独热编码形式，预测值为向量形式，但 train_labels 和 test_labels 均为标量，这可能是导致准确率低的原因。

（3）精度。

精度（precision）表示所有被预测为正的样本中实际为正的样本的概率。可以运用 metrics 模块的 Precision 函数计算有关标签的预测精度，其基本语法格式如下。

```
tf.keras.metrics.Precision(thresholds=None, top_k=None, class_id=None, name=None, dtype=None)
```

Precision 函数的常用参数及其说明如表 2-28 所示。

表 2-28　Precision 函数的常用参数及其说明

参数名称	参数说明
thresholds	接收 float 类型的值。表示将阈值与预测值进行比较，以确定预测的真值。默认为 None
top_k	接收 int 类型的值。表示计算精度时要考虑的前 k 个预测。默认为 None
class_id	接收 int 类型的值。表示二进制指标的整数类 ID。默认为 None
name	接收 str 类型的值。表示度量标准实例的字符串名称。默认为 None
dtype	接收 int、float 等数据类型。表示度量标准结果的数据类型。默认为 None

运用 metrics 模块的 Precision 函数计算精度如代码 2-41 所示。

代码 2-41　计算精度

```
m = tf.keras.metrics.Precision()
m.update_state([0, 1, 1, 1], [1, 0, 1, 1])
print(m.result().numpy())
```

运行代码 2-41 所得结果为 0.6666667。

同样，此处仅介绍 Precision 函数与 compile 方法一起使用的代码样式，无运行结果，如代码 2-42 所示。

代码 2-42　结合 compile 方法计算精度的代码样式

```
model.compile(optimizer='adam', loss='sparse_categorical_crossentropy', metrics=
[tf.keras.metrics.Precision()])
model.fit(train_images, train_labels, verbose=1, epochs=20, batch_size=128,
validation_data=(test_images, test_labels))
```

（4）平均绝对误差。

平均绝对误差表示实际值与预测值间的平均绝对误差。可以运用 metrics 模块的 MeanAbsoluteError 函数计算模型的平均绝对误差，其基本语法格式如下。

```
tf.keras.metrics.MeanAbsoluteError(name='mean_absolute_error', dtype=None)
```

metrics 模块的 MeanAbsoluteError 函数的常用参数及其说明如表 2-29 所示。

表 2-29　metrics 模块的 MeanAbsoluteError 函数的常用参数及其说明

参数名称	参数说明
name	接收 str 类型的值。表示度量标准实例的字符串名称。默认为 mean_absolute_error
dtype	接收 int、float 等数据类型。表示度量标准结果的数据类型。默认为 None

运用 metrics 模块的 MeanAbsoluteError 函数计算平均绝对误差如代码 2-43 所示。

代码 2-43　计算平均绝对误差

```
m = tf.keras.metrics.MeanAbsoluteError()
m.update_state([[0, 1], [0, 0]], [[1, 1], [0, 0]])
print(m.result().numpy())
```

运行代码 2-43 所得结果为 0.25。

由于手写数字识别属于分类问题，而平均绝对误差主要用于评估回归模型，因此此处只介绍 MeanAbsoluteError 函数和 compile 方法一起使用的代码样式，无运行结果，如代码 2-44 所示。

代码 2-44　结合 compile 方法计算平均绝对误差的代码样式

```
model.compile(optimizer='adam', loss='sparse_categorical_crossentropy', metrics=
[tf.keras.metrics.MeanAbsoluteError()])
model.fit(train_images, train_labels, verbose=1, epochs=20, batch_size=128,
validation_data=(test_images, test_labels))
```

（5）均方误差。

均方误差表示实际值与预测值间的误差平方之和的平均数，它避免了正负误差不能相加的问题，且可用于还原平方失真程度。可以运用 metrics 模块的 MeanSquaredError 函数计算模型的平均绝对误差，其基本语法格式如下。

```
tf.keras.metrics.MeanSquaredError(name='mean_squared_error', dtype=None)
```

metrics 模块的 MeanSquaredError 函数的常用参数及其说明如表 2-30 所示。

表 2-30　metrics 模块的 MeanSquaredError 函数的常用参数及其说明

参数名称	参数说明
name	接收 str 类型的值。表示度量标准实例的字符串名称。默认为 mean_squared_error
dtype	接收 int、float 等数据类型。表示度量标准结果的数据类型。默认为 None

运用 metrics 模块的 MeanSquaredError 函数计算均方误差如代码 2-45 所示。

代码 2-45　计算均方误差

```
m = tf.keras.metrics.MeanSquaredError()
m.update_state([[0, 0], [0, 1]], [[1, 0], [1, 1]])
print(m.result().numpy())
```

运行代码 2-45 所得结果为 0.5。

同样，由于均方误差主要用于评估回归模型，因此此处只介绍 MeanSquaredError 函数和 compile 方法一起使用的代码样式，无运行结果，如代码 2-46 所示。

代码 2-46　结合 compile 方法计算均方误差的代码样式

```
model.compile(optimizer='adam', loss='sparse_categorical_crossentropy', metrics=
[tf.keras.metrics.MeanSquaredError()])
model.fit(train_images, train_labels, verbose=1, epochs=20, batch_size=128,
validation_data=(test_images, test_labels))
```

除此之外，evaluate 方法也可用于模型评估，在测试模式下返回模型的误差值和评估标准值，计算是分批进行的。函数返回标量测试误差（模型只有一个输出且没有评估标准）或标量列表（模型具有多个输出或评估指标）。evaluate 方法的基本语法格式如下。

```
model.evaluate( x=None, y=None, batch_size=32, verbose=1, sample_weight=None,
steps=None, callbacks=None, max_queue_size=10, workers=1, use_multiprocessing=
False, return_dict=False,)
```

evaluate 方法的常用参数及其说明如表 2-31 所示。

表 2-31　evaluate 方法的常用参数及其说明

参数名称	参数说明
x	接收数组、列表或字典。表示测试数据的 NumPy 数组（模型只有一个输入），或 NumPy 数组的列表（模型有多个输入）。如果模型中的输入层被命名，那么可以传递一个字典，将输入层名称映射到 NumPy 数组。默认为 None
y	接收数组、列表。表示目标（标签）数据的 NumPy 数组，或 NumPy 数组的列表（模型具有多个输出）。如果模型中的输出层被命名，那么可以传递一个字典，将输出层名称映射到 NumPy 数组。默认为 None
batch_size	接收 int 类型的值。表示每次评估的样本数。默认为 32
verbose	接收 0 或 1。表示日志显示模式，0 为安静模式，1 为进度条模式。默认为 1
steps	接收 int 类型的值。表示声明评估结束之前的总步数（批次样本）。默认为 None

通过计算准确率对手写数字识别 Sequential 模型进行评估，如代码 2-47 所示。

代码 2-47　模型评估

```
test_loss, test_acc = model.evaluate(test_images, test_labels)
print('损失值为: ', test_loss)
print('准确率为: %.2f%%'% (test_acc * 100.0))
```

运行代码 2-47 后得到的损失值和准确率的值如表 2-32 所示。

表 2-32　模型评价结果

损失值	准确率
0.2751648426055908	96.32%

由表 2-32 可知，模型的准确率为 96.32%。由此可以知道 Sequential 模型的预测效果较好。

2．回调检查

回调（callback）可以在训练的各个阶段（例如，每次迭代的开始或结束、单个批训练之前或之后等）执行。使用回调，可以在每次批训练后生成 TensorBoard 日志，以便监控指标、定期将模型保存到磁盘、尽早停止训练、在训练期间查看模型的内部状态和统计信息等。

常用 ModelCheckpoint、TensorBoard、EarlyStopping 和 LearningRateScheduler 等函数进行回调检查，本章主要介绍 TensorBoard 函数的运用。

TensorBoard 是一个非常强大的工具、不仅可以帮助用户可视化神经网络训练过程中的各种参数，而且可以帮助用户更好地调整网络模型、网络参数。不管是在 TensorFlow、Keras 或 PyTorch，TensorBoard 都提供了非常好的支持。

TensorBoard 函数的基本语法格式如下，其常用参数及其说明如表 2-33 所示。

```
tf.keras.callbacks.TensorBoard(log_dir='logs', histogram_freq=0, write_graph=True,
write_images=False, update_freq='epoch', profile_batch=2, embeddings_freq=0,
embeddings_ metadata=None, **kwargs)
```

表 2-33　TensorBoard 函数的常用参数及其说明

参数名称	参数说明
log_dir	接收 str 类型的值。表示用来保存被 TensorBoard 分析的日志文件的文件名。默认为 logs
histogram_freq	接收 int 类型的值。表示模型中各个层计算激活值和模型权重直方图的频率。默认为 0
write_graph	接收 bool 类型的值。表示是否在 TensorBoard 中可视化图像。默认为 True
write_images	接收 bool 类型的值。表示是否在 TensorBoard 中将模型权重以图片可视化。默认为 False
profile_batch	接收 int 类型的值。表示分析的批次以采样计算特征。默认为 2

运用 TensorBoard 函数进行回调检查，如代码 2-48 所示。

代码 2-48　回调检查

```
# TensorBoard 日志的路径要用 os.path.join 生成，不然在 Windows 下会报错
log_dir = os.path.join('D:\logs')
if not os.path.exists(log_dir):
    os.mkdir(log_dir)

from tensorflow.keras import callbacks
# 把训练过程需要可视化的数据保存在 log_dir 目录中
my_callbacks = [callbacks.TensorBoard(log_dir=log_dir), ]

# 拟合模型
model.fit(train_images, train_labels, validation_data=(test_images, test_labels),
batch_size=128, epochs=20, callbacks=my_callbacks)
```

训练结束之后，需要在命令行执行 TensorBoard，此时后台会发布一个网站，用户通过浏览器访问就可以看到 TensorBoard 可视化的结果。TensorBoard 可以通过命令 pip install tensorboard 安装。

在 Anaconda Prompt 命令行执行如下语句。

```
tensorboard --logdir=D:\logs
```

其中，logdir 参数的值就是代码 2-48 中设置的路径，TensorBoard 会从该路径中读入训练好的数据，并发布一个网站进行可视化。网站地址可以在这个命令的输出结果的最后一行看到，如 http://localhost:6006/。在浏览器地址栏访问这个本机网址，便可以得到可视化的结果，如图 2-24 和图 2-25 所示。TensorBoard 面板中有 SCALARS 和 GRAPHS 两个面板。GRAPHS 面板是通过默认的 write_graph=True 来设置的。

SCALARS 面板中默认给出的是训练数据的 epoch_accuracy 和 epoch_loss，如果有验证集，则还有验证集上的 epoch_accuracy 和 epoch_loss。本案例训练了 20 个 epochs，而且 update_freq='epoch'是默认值，图 2-24 中比较深色的曲线表示平滑后的数据，浅色的表示原始的数据。

GRAPHS 面板则给出了网络结构图，如图 2-25 所示。

由图 2-25 可以看出，flatten 为输入层，dense 为全连接层、dense_1 为输出层。

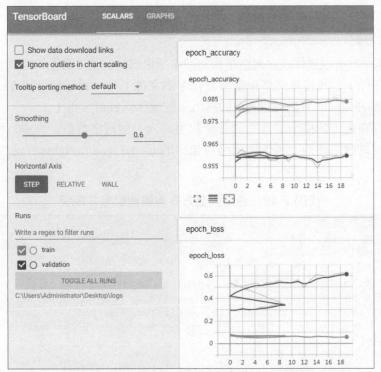

图 2-24　TensorBoard 可视化的 SCALARS 面板

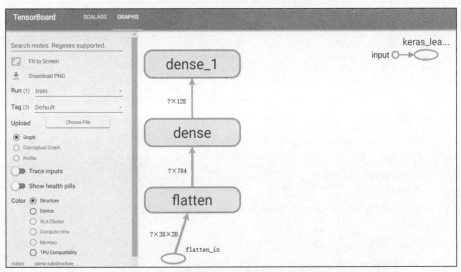

图 2-25　TensorBoard 可视化的 GRAPHS 面板

2.3.7　模型保存与调用

神经网络的训练过程通常需要花费大量的时间与精力，一般不会采用现建现用的方式运用神经网络，而是提前将训练好的神经网络所生成的模型保存，以便不用再次训练即可直接使用。保存模型时除了可以保存模型中的权重，还可以将优化器和模型配置一起保存。

完整保存的模型有很多种加载运行的方式，如在浏览器中使用 TensorFlow.js 加载运行、在移动设备上使用 TensorFlow Lite 加载运行。模型保存的方式通常有张量方式、网络方式和 SaveModel 方式 3 种，本章将对这 3 种保存方式进行简单介绍。

1. 张量方式

神经网络的状态主要体现在网络结构和网络层内部的张量参数上，因此在拥有网络结构源文件的条件下，直接将网络张量参数保存到文件上是一种轻量级的方式。通过调用 model.save_weights(path)方法可将当前的网络参数保存到 path 文件上。

为将保存在指定的模型文件中的张量数值写入当前网络参数，在进行网络训练时，需要创建相同的网络结构，再调用网络对象中的 model.load_weights 方法，如代码 2-49 所示。

代码 2-49　通过张量方式将模型保存并恢复

```
# 保存模型参数到文件中
model.save_weights('../tmp/checkpoints/mannul_checkpoint')
# 重新创建相同的网络结构
model = tf.keras.models.Sequential()
model.add(tf.keras.layers.Flatten(input_shape=(28, 28)))
model.add(tf.keras.layers.Dense(128, activation='relu'))
model.add(tf.keras.layers.Dense(10, activation='softmax'))
model.compile(optimizer='adam', loss='sparse_categorical_crossentropy', metrics=
['accuracy'])
# 从参数文件中读取数据并写入当前网络
model.load_weights('../tmp/checkpoints/mannul_checkpoint')
print(model.summary())
```

运行代码 2-49 得到的结果如下。

```
Model: "sequential_6"

_____
Layer (type)                  Output Shape              Param #
=================================================================
flatten_2 (Flatten)           (None, 784)               0

_____
dense_10 (Dense)              (None, 128)               100480

_____
dense_11 (Dense)              (None, 10)                1290
=================================================================
Total params: 101,770
Trainable params: 101,770
Non-trainable params: 0
```

这种保存与加载网络的方式是轻量级的，文件中保存的仅是参数张量的数值，并无额外的结构参数。这种方式的局限之处在于需要使用相同的网络结构才能够恢复网络状态，通常需要在拥有网络源文件的情况下使用。

2. 网络方式

网络方式是一种不需要网络源文件，仅仅需要模型参数文件即可恢复网络状态的方式。通过 model.save(path)方法可以将模型中的网络结构和参数保存到 path 文件上，通过 load_model(path)方法即可恢复网络结构和网络参数，如代码 2-50 所示。

代码 2-50　通过网络方式将模型保存并恢复

```
model.save('../tmp/model_mnist.h5')
# 调用模型
new_model = tf.keras.models.load_model('../tmp/model_mnist.h5')
new_model.summary()  # 查看模型基本信息
```

运行代码 2-50 得到的结果如下。

```
Model: "sequential_2"

_____
Layer (type)                 Output Shape              Param #
===============================================================
flatten_2 (Flatten)          (None, 784)               0
_____
dense_10 (Dense)             (None, 128)               100480
_____
dense_11 (Dense)             (None, 10)                1290
===============================================================
Total params: 101,770
Trainable params: 101,770
Non-trainable params: 0
```

由代码 2-50 的运行结果可以看出，model_mnist.h5 文件除了保存了模型参数外，还保存了网络结构信息，不需要提前创建模型即可直接从文件中恢复出网络对象。

3. SavedModel 方式

TensorFlow 之所以能够被业界人士青睐，除了优秀的神经网络层 API 的支持外，还得益于它强大的生态系统，包括支持的移动端和网页端。当需要将模型部署到其他平台时，采用 TensorFlow 提出的 SavedModel 方式更为灵活、便捷。

通过 saved_model(network,path) 方法即可将模型以 SavedModel 方式保存到 path 目录中。用户无须关心文件的保存格式，只需要通过 load_model(path) 方法即可恢复出网络结构和参数，使各个平台能够无缝连接训练好的网络模型，如代码 2-51 所示。

代码 2-51　通过 SavedModel 方式将模型保存并恢复

```
import time
saved_model_path = '../tmp/saved_models/{}'.format(int(time.time()))
tf.keras.models.save_model(model, saved_model_path)
# 调用模型
new_model1 = tf.keras.models.load_model(saved_model_path)
new_model1.summary()  # 查看模型基本信息
```

运行代码 2-51 得到的结果如下。

```
Model: "sequential_6"

_____
Layer (type)                 Output Shape              Param #
===============================================================
flatten_2 (Flatten)          (None, 784)               0
```

```
dense_10 (Dense)                    (None, 128)              100480

dense_11 (Dense)                    (None, 10)               1290
=================================================================
Total params: 101,770
Trainable params: 101,770
Non-trainable params: 0
```

由代码 2-51 的运行结果可以看出，采用 SavedModel 方式可以保存整个网络结构。

4. 调用模型

predict 方法可以为输入样本生成输出预测，计算也是分批进行的，返回预测的 NumPy 数组（或数组列表）。predict 方法的基本语法格式如下。

```
model.predict(x, batch_size=None, verbose=0, steps=None)
```

predict 方法的常用参数及其说明如表 2-34 所示。

表 2-34　predict 方法的常用参数及其说明

参数名称	参数说明
x	接收数组、列表。表示输入的 NumPy 数组（或 NumPy 数组的列表，模型有多个输出）。无默认值
batch_size	接收 int 类型的值。表示用于预测步骤的样本数。默认为 None
verbose	接收 0 或 1。表示日志显示模式。默认为 0
steps	接收 int 类型的值。表示声明预测结束之前的总步数（批次样本）。默认值 None

调用通过网络方式保存的模型，并运用 predict 方法对 testimages 文件夹中的 30 张手写数字图像新样本进行预测。手写数字图像如图 2-26 所示，调用模型并对图像进行预测如代码 2-52 所示。

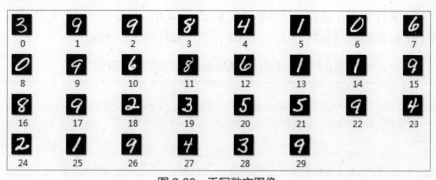

图 2-26　手写数字图像

代码 2-52　调用模型并对图像进行预测

```
for i in range(30):
    image = plt.imread('../data/testimages/'+str(i)+'.jpg')  # 读取图像
    image_new = image.reshape([1, 28, 28])  # 对图像进行维度转化
    result = new_model.predict(image_new)[0].argmax()          # 输出预测结果
    print('第', i, ' 张图像中的数字是: ', result)
```

运行代码 2-52 所得结果如下。

```
第 0  张图像中的数字是：3
第 1  张图像中的数字是：9
第 2  张图像中的数字是：9
第 3  张图像中的数字是：8
第 4  张图像中的数字是：4
第 5  张图像中的数字是：1
……
第 22  张图像中的数字是：9
第 23  张图像中的数字是：4
第 24  张图像中的数字是：2
第 25  张图像中的数字是：1
第 26  张图像中的数字是：9
第 27  张图像中的数字是：4
第 28  张图像中的数字是：3
第 29  张图像中的数字是：9
```

由代码 2-52 的运行结果可以看到调用保存好的模型对 30 个新样本进行预测的结果，例如预测第 0 张图像中的数字是 3。

小结

本章介绍了 TensorFlow 2 的环境搭建方法，包括 CPU 环境搭建和 GPU 环境搭建；并通过训练一个线性模型来介绍 TensorFlow 的工作流程，其中介绍了 TensorFlow 2 的基本数据类型；此外，还介绍了 TensorFlow 2 深度学习的通用流程，包括数据加载、数据预处理、构建网络、编译网络、训练网络、性能评价以及模型的保存与调用。

实训　构建鸢尾花分类模型

1．训练要点

（1）掌握数据集的加载方法。

（2）掌握 TensorFlow 2 深度学习的通用流程。

2．需求说明

鸢尾花数据集是一个非常经典的分类数据集，数据集全名为 Iris Dataset，总共包含 150 行数据。每一行由 4 个特征值及 1 个目标值（类别变量）组成。其中 4 个特征值分别是萼片长度、萼片宽度、花瓣长度、花瓣宽度。目标值为 3 种不同类别的鸢尾花：山鸢尾、变色鸢尾、维吉尼亚鸢尾。根据鸢尾花数据集构建鸢尾花分类模型，并对模型进行评估。

3．实现思路及步骤

（1）从 sklearn.datasets 数据集中加载鸢尾花数据集。

（2）由于原始数据有一定顺序，顺序不打乱会影响准确率，因此采用 seed 方法生成随机数用的整数起始值，并采用 shuffle 方法随机打乱数据集。

（3）将数据集划分训练集和测试集，训练集为前 120 行，测试集为后 30 行。

（4）将图像数据类型转换为 float32。

（5）构建鸢尾花分类网络并对其进行编译。

（6）对编译好的分类网络进行训练。

（7）对模型进行评估。

课后习题

1. 选择题

（1）有关 TensorFlow 2 环境搭建，以下说法错误的是（　　）。

    A. TensorFlow CPU 可直接使用 pip 命令进行安装

    B. 安装和下载 TensorFlow 可以不使用国内源

    C. CUDA 驱动版本和 cuDNN 驱动版本可以不匹配

    D. cuDNN 文件可以直接下载使用，不需要安装

（2）下面说法错误的是（　　）。

    A. 所有的数据类型都通过张量的形式来表示

    B. [5]表示一维张量

    C. 零阶张量表示标量

    D. 张量的数据类型不能是布尔型

（3）下面说法正确的是（　　）。

    A. 手写数字图片数据集可用于回归任务

    B. 运用 TFRecordDataset 函数加载文本文件

    C. 运用 timeseries_dataset_from_array 函数处理时间序列数据

    D. 神经网络中的隐藏层只能为一层

（4）以下哪个不属于优化器（　　）。

    A. SGD 优化器　　　　　　　　　　B. Adam 优化器

    C. RMSprop 优化器　　　　　　　　D. K-Means 优化器

（5）下面说法错误的是（　　）。

    A. TensorBoard 工具可以用于回调检查

    B. 在 TensorFlow 2 中评估指标只有准确率、精度和均方误差

    C. load_model 方法常用于网络结构

    D. 损失值也是评估模型效果的一个重要指标

2. 操作题

（1）根据 2.1 节的内容完成 TensorFlow 2 的环境搭建。

（2）利用 Keras 加载波士顿房价趋势数据集，构建线性回归网络，并对构建好的网络进行编译和训练。

第3章 深度神经网络原理及实现

深度神经网络是深度学习领域中的一种技术。TensorFlow 深度学习框架拥有大量用于网络训练的高级接口，方便使用者构建深度学习网络。本章介绍如何使用 TensorFlow 下的 Keras 接口实现常见的深度学习网络，包括卷积神经网络、循环神经网络和生成对抗网络。

学习目标

（1）了解常用的深度神经网络的基础理论。

（2）掌握使用 TensorFlow 实现常用深度神经网络的构建和训练的方法。

3.1 卷积神经网络

卷积神经网络是一类包含卷积计算的前馈神经网络（Feedforward Neural Network），是深度学习（Deep Learning）的代表算法之一。

对卷积神经网络的研究始于 20 世纪 80 至 90 年代。进入 21 世纪后，随着深度学习理论的提出和数值计算设备的改进，卷积神经网络的相关技术得到了快速发展，并被应用于计算机视觉、自然语言处理等领域。

卷积神经网络模仿生物的视知觉（visual perception）机制构建，可以进行监督学习和非监督学习。卷积神经网络与普通神经网络非常相似，它们都由具有可学习的权重和含有偏置常量的神经元组成。每个神经元对接收的输入进行点积计算再输出。普通神经网络里的一些计算技巧在这里依旧适用。

卷积神经网络的结构示例如图 3-1 所示。

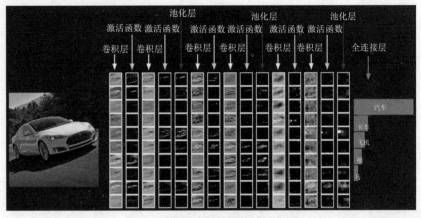

图 3-1 卷积神经网络的结构示例

图 3-1 中的卷积神经网络用于判断给定图片中的内容是汽车、马、卡车、船还是飞机，然后输出判断结果。图中最左边是数据的输入层，在输入层中会对数据进行一些处理，如将输入数据各个维度都中心化为 0，能够避免数据的分布偏差较大，对训练效果的影响；或者进行把所有的数据都归一化到同样的取值范围中等操作。图的中间部分和最右边是网络层结构，如卷积层、池化层和全连接层等。

3.1.1 卷积神经网络中的核心网络层

本节主要介绍卷积神经网络中的核心网络层和相应的 TensorFlow 实现，这些核心网络层包括卷积层、池化层、归一化层和正则化层等。

1. 卷积层

卷积神经网络中每层卷积层由若干卷积单元组成，反向传播算法会对每个卷积单元的参数进行优化处理。卷积运算的目的是提取输入信息的不同特征，在第一层卷积层中只能提取一些简单的特征，如边缘、线条和角等，后续更深层的网络能从简单特征中迭代提取更为复杂的特征。接下来先介绍卷积层的两个基本特性，分别是局部连接和权重共享，再介绍卷积的实现过程。

（1）局部连接。

局部连接就是卷积层的节点仅仅和其前一层的部分节点相连接，只用来学习局部特征。局部连接的构思理念源于动物视觉的皮层结构（动物视觉的神经元在感知外界物体的过程中只有一部分神经元起作用）。在计算机视觉中，图像的某一块区域中，像素之间的相关性与像素之间的距离有关，距离较近的像素间相关性强，距离较远的则相关性较弱。因此，采用部分神经元接受图像信息，再通过综合全部的图像信息达到增强图像信息的目的。

如图 3-2 所示，第 $n+1$ 层的每个节点只与第 n 层的 3 个节点相连接，而非与该层的 5 个神经元节点相连，这样原本需要 15（5×3=15）个权重参数，现在只需要 9（3×3=9）个权重参数，减少了 40% 的参数量。第 $n+2$ 层与第 $n+1$ 层之间同样采用局部连接方式。局部连接方式减少了参数数量，加快了学习率，也在一定程度上减小了过拟合的概率。

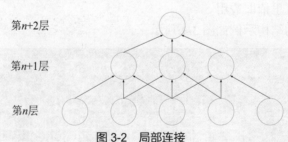

图 3-2　局部连接

（2）权重共享。

卷积层的另一特性是权重共享。例如一个 3×3 的卷积核，共有 9 个参数，该卷积核会和输入图片的不同区域进行卷积，来检测相同的特征。不同的卷积核对应不同的权重参数，用于检测不同的特征。如图 3-3 所示，一共只有 3 组不同的权重，如果只用局部连接，共需要 12（3×4=12）个权重参数，在局部连接的基础上再引入权重共享，便仅仅需要 3 个权重，这进一步减少了参数数量。

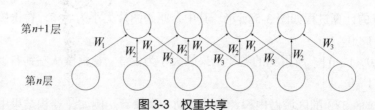

第n+1层

第n层

图 3-3　权重共享

（3）卷积的实现过程。

在局部连接和权重共享的基础上，网络中每一层的计算操作是输入层和权重的卷积，卷积神经网络的名字因此而来。

假设有一个大小为 5×5 的图像和一个 3×3 的卷积核，这里的卷积核共有 9 个参数，记为 $\theta = \left[\theta_{ij}\right]_{3\times3}$。在这种情况下，卷积核实际上有 9 个神经元，它们的输出又组成了一个 3×3 的矩阵，称为特征图。第一个神经元连接到图像的第一个 3×3 的局部区域，第二个神经元则滑动连接到第二个 3×3 的局部区域，期间滑动了一次，如图 3-4 所示。

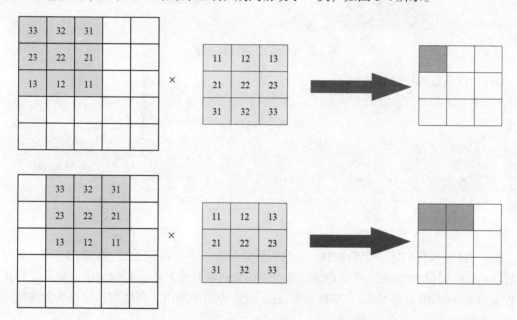

图 3-4　卷积的实现过程

TensorFlow 框架中常用的用于构建卷积层的函数如下。

（1）Conv2D。

Conv2D（二维卷积，又称滤波）是图像处理的一个常用操作，可以提取图像的边缘特征、去除噪声等。离散 Conv2D 的公式如式（3-1）所示。

$$S(i,j)=(I \cdot W)(i,j)=\sum_m \sum_n I(i+m,j+n)W(m,n) \tag{3-1}$$

其中，I 为二维输入图像，W 为卷积核，$S(i,j)$ 为得到的卷积结果在坐标(i,j)处的数值。遍历 m 和 n 时，$(i+m,j+n)$可能会超出图像 I 的边界，所以要对图像 I 进行边界延拓，或者限制 i 和 j 的范围。

Conv2D 的计算过程如图 3-5 所示。其中，原始图片大小为 5×5，卷积核是一个大小为 3×3 的矩阵 $\begin{bmatrix} 1 & 0 & 1 \\ 0 & 1 & 0 \\ 1 & 0 & 1 \end{bmatrix}$，所得到的卷积结果的大小为 3×3。卷积核从左到右、从上到下依次对图片中相应的 3×3 的区域做内积，每次滑动一个像素。例如，卷积结果中的方框标记的 "2"，是通过对原始图片中 3×3 的深灰色区域的像素值和卷积核做内积得到的，即 0×1+0×0+1×1+0×0+0×1+1×0+0×1+1×0+1×1=2。

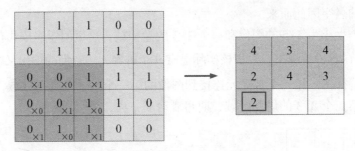

图 3-5　Conv2D 的计算过程

Conv2D 函数的语法格式如下。

```
tf.keras.layers.Conv2D(
    filters, kernel_size, strides=(1, 1), padding='valid',
    data_format=None, dilation_rate=(1, 1), groups=1, activation=None,
    use_bias=True, kernel_initializer='glorot_uniform',
    bias_initializer='zeros', kernel_regularizer=None,
    bias_regularizer=None,activity_regularizer=None, kernel_constraint=None,
    bias_constraint=None, **kwargs
)
```

Conv2D 函数将创建一个卷积核，该卷积核对层输入进行卷积，以生成输出张量。如果参数 use_bias 的值为 True，则该类会创建一个偏置向量并将其添加到输出中。最后，如果参数 activation 的值不是 None，参数 activation 也会应用于输出。当使用该层作为网络第一层时，需要提供 input_shape 参数。

Conv2D 函数的常用参数及其说明如表 3-1 所示。

表 3-1　Conv2D 函数的常用参数及其说明

参数名称	说明
filters	接收 int 类型的值。表示输出数据的通道数量（卷积中滤波器的数量）。无默认值
kernel_size	接收 int 类型的值，或者 2 个 int 类型的值组成的元组或列表。表示 2D 卷积窗口的宽度和高度。无默认值
strides	接收 int 类型的值，或者 2 个 int 类型的值组成的元组或列表。表示卷积沿宽度和高度方向的步长，默认为(1,1)
data_format	接收 str 类型的值。表示输入中维度的顺序。默认为 Keras 配置文件 ~ /.keras/keras.json 中找到的 image_data_format 值

续表

参数名称	说明
dilation_rate	接收 int 类型的值，或者 2 个 int 类型的值组成的元组或列表。表示扩张（空洞）卷积的膨胀率。默认为(1,1)
activation	接收函数。表示要使用的激活函数。默认为 None
use_bias	接收 bool 类型的值，表示是否使用偏置向量。默认为 True
padding	接收 str，valid 或 same。valid 表示不进行边界延拓，会导致卷积后的通道尺寸变小。same 表示进行边界延拓，使得卷积后的通道尺寸不变。默认为 valid

使用 Conv2D 函数构建卷积层如代码 3-1 所示。

代码 3-1　使用 Conv2D 函数构建卷积层

```
import tensorflow as tf
input_shape = (4, 28, 28, 3)
x = tf.random.normal(input_shape)
y = tf.keras.layers.Conv2D(
2, 3, activation='relu', input_shape=input_shape[1:])(x)
print(y.shape)
```

代码 3-1 的输出结果如下，卷积层 y 的形状为(4,26,26,2)。

```
(4, 26, 26, 2)
```

（2）SeparableConv2D。

深度方向的 SeparableConv2D（可分离二维卷积）的操作包括两个部分。首先执行深度方向的空间卷积（分别作用于每个输入通道），如图 3-6 所示。

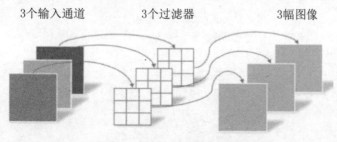

图 3-6　深度方向的空间卷积

然后将所得输出通道混合在一起进行逐点卷积，如图 3-7 所示。

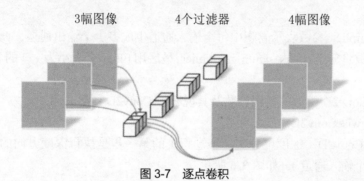

图 3-7　逐点卷积

可分离的卷积可以理解为一种将卷积核分解成两个较小的卷积核的方法，如图 3-8 所示。

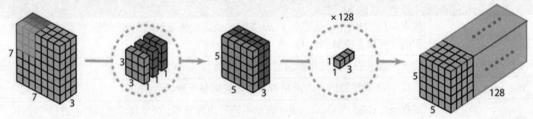

图 3-8　SeparableConv2D 的计算过程

假设输入层的数据的大小是 7×7×3（高×宽×通道），在 SeparableConv2D 的第一步中，不将 Conv2D 中 3 个 3×3 的卷积算子作为一个卷积核，而是分开使用 3 个卷积算子，每个卷积算子的大小为 3×3。一个大小为 3×3 的卷积算子与输入层的一个通道（仅一个通道，而非所有通道）做卷积运算，得到 1 个大小为 5×5 的映射图。然后将这些映射图堆叠在一起，得到一个 5×5×3 的中间数据，如图 3-8 的左半部分所示。

在 SeparableConv2D 的第二步中，为了扩展深度使用 1 个大小为 1×1 的卷积核，每个卷积核有 3 个 1×1 的卷积算子，对 5×5×3 的中间数据进行卷积，可得到 1 个大小为 5×5 的输出通道。用 128 个 1×1 的卷积核，则可以得到 128 个输出通道，如图 3-8 的右半部分所示。

SeparableConv2D 可以显著降低 Conv2D 中参数的数量。因此，对于较小的网络而言，如果用 SeparableConv2D 替代 Conv2D，网络的能力可能会显著下降。但是，如果使用得当，SeparableConv2D 能在不降低网络性能的前提下实现效率提升。

SeparableConv2D 函数的语法格式如下。

```
tf.keras.layers.SeparableConv2D(
    filters, kernel_size, strides=(1, 1), padding='valid',
    data_format=None, dilation_rate=(1, 1), depth_multiplier=1, activation= None,
    use_bias=True, depthwise_initializer='glorot_uniform',
    pointwise_initializer='glorot_uniform',
    bias_initializer='zeros', depthwise_regularizer=None,
    pointwise_regularizer=None, bias_regularizer=None, activity_regularizer=
None,
    depthwise_constraint=None, pointwise_constraint=None, bias_constraint=
None,
    **kwargs
)
```

depth_multiplier 参数表示卷积中每个输入通道生成多少个输出通道，而深度方向卷积输出通道的总数将等于 filters×depth_multiplier，最后用 filters 个大小为 1×1 的卷积得到 filters 个输出通道。

SeparableConv2D 函数的常用参数及其说明与 Conv2D 函数一致。

（3）DepthwiseConv2D。

DepthwiseConv2D（深度可分离二维卷积）的第一步是执行深度方向的空间卷积（其分别作用于每个输入通道），如图 3-6 所示。

DepthwiseConv2D 函数的语法格式如下。

```
tf.keras.layers.DepthwiseConv2D(
    kernel_size, strides=(1, 1), padding='valid', depth_multiplier=1,
    data_format=None, dilation_rate=(1, 1), activation=None, use_bias=True,
    depthwise_initializer='glorot_uniform',
    bias_initializer='zeros', depthwise_regularizer=None,
    bias_regularizer=None, activity_regularizer=None, depthwise_constraint=
None,
    bias_constraint=None, **kwargs
)
```

depth_multiplier 参数控制深度卷积步骤中每个输入通道生成多少个输出通道。DepthwiseConv2D 的参数类似 SeparableConv2D，只是少了参数 filters，因为输出通道的数量等于输入通道的数量乘 depth_multiplier 值。

DepthwiseConv2D 函数的常用参数及其说明与 Conv2D 函数一致。

（4）Conv2DTranspose。

Conv2DTranspose（转置二维卷积）常常用于在卷积神经网络中对特征图进行上采样。Conv2DTranspose 对普通卷积操作中的卷积核做转置处理，将普通卷积的输出作为转置卷积的输入，而将转置卷积的输出作为普通卷积的输入。转置卷积形式上和卷积层的反向梯度计算相同。

普通卷积的计算过程如图 3-9 所示。

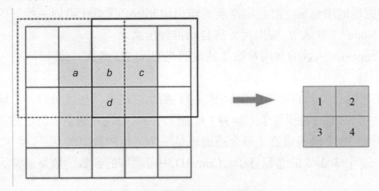

图 3-9　普通卷积的计算过程

图 3-9 是一个卷积核大小为 3×3、步长为 2、填充值为 1 的普通卷积。卷积核在虚线框位置时输出元素 1，在实线框位置时输出元素 2。输入元素 a 仅和输出元素 1 有运算关系，而输入元素 b 和输出元素 1、2 均有关系。同理，c 只和元素 2 有关，而 d 和 1、2、3 和 4 这 4 个元素都有关。在进行 Conv2DTranspose 时，依然应该保持这个连接关系不变。

Conv2DTranspose 的计算过程如图 3-10 所示。

需要将图 3-10 中左侧的特征图作为输入，右侧的特征图作为输出，并且保证连接关系不变。即 a 只和 1 有关，b 和 1、2 两个元素有关，其他以此类推。先用数值 0 给左侧的特征图做插值，使相邻两个元素的间隔为卷积的步长值，即插值的个数，同时边缘也需要补与插值数量相等的 0。这时卷积核的滑动步长就不再是 2，而是 1。步长值体现在了插值补 0 的过程中。

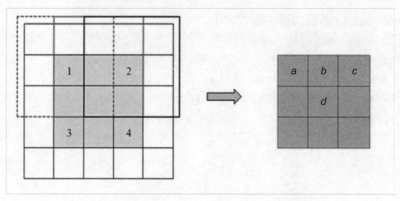

图 3-10　Conv2DTranspose 的计算过程

Conv2DTranspose 函数的语法格式如下。

```
tf.keras.layers.Conv2DTranspose(
    filters, kernel_size, strides=(1, 1), padding='valid',
    output_padding=None, data_format=None, dilation_rate=(1, 1), activation=None,
    use_bias=True, kernel_initializer='glorot_uniform',
    bias_initializer='zeros', kernel_regularizer=None,
    bias_regularizer=None, activity_regularizer=None, kernel_constraint= None,
    bias_constraint=None, **kwargs
)
```

其中，output_padding 用于接收 1 个整数或 2 个整数表示的元组或列表，以指定沿输出张量的高度和宽度的填充量。沿给定维度的输出填充量必须低于沿同一维度的步长。如果接收的值为"None"（默认），输出尺寸将自动推理出来。

Conv2DTranspose 函数的常用参数及其说明与 Conv2D 函数一致。

（5）Conv3D。

Conv3D（三维卷积）的计算过程如图 3-11 所示。注意，这里只有一个输入通道、一个输出通道、一个三维的卷积算子（3×3×3）。如果有 64 个输入通道（每个通道是一个三维的数组），要得到 32 个输出通道（每个通道也是一个三维的数组），则需要 32 个卷积核，每个卷积核有 64 个 3×3×3 的卷积算子。Conv3D 中可训练的参数的数量通常远远多于普通的 Conv2D。

值得注意的是，Conv3D 的输入要求是一个五维的张量：[batch_size,长度,宽度,高度,通道数]。而 Conv2D 的输入要求是一个四维的张量：[batch_size,宽度,高度,通道数]。

Conv3D 函数的语法格式如下。

```
tf.keras.layers.Conv3D(
    filters, kernel_size, strides=(1, 1, 1), padding='valid',
    data_format=None, dilation_rate=(1, 1, 1), groups=1, activation=None,
    use_bias=True, kernel_initializer='glorot_uniform',
    bias_initializer='zeros', kernel_regularizer=None,
    bias_regularizer=None, activity_regularizer=None, kernel_constraint= None,
    bias_constraint=None, **kwargs
)
```

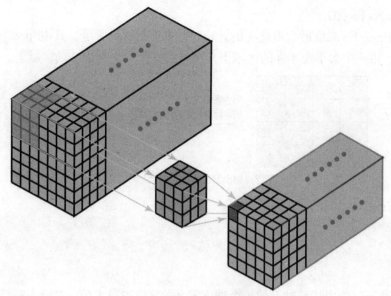

图 3-11 Conv3D 的计算过程

Conv3D 函数的常用参数及其说明与 Conv2D 函数一致。

使用 Conv3D 函数构建卷积层如代码 3-2 所示。

代码 3-2 使用 Conv3D 函数构建卷积层

```
import tensorflow as tf
input_shape =(4, 28, 28, 28, 1)
x = tf.random.normal(input_shape)
y = tf.keras.layers.Conv3D(2, 3, activation='relu', input_shape=input_shape
[1:])(x)
print(y.shape)
```

代码 3-2 的输出结果如下。

```
(4, 26, 26, 26, 2)
```

2. 池化层

在卷积层中，可以通过调节步长参数来达到减小输出尺寸的目的。池化层同样基于局部相关性的思想，在局部相关的一组元素中进行采样或信息聚合，从而得到新的元素值。如最大池化（max pooling）层返回局部相关元素集中最大的元素值，平均池化（average pooling）层返回局部相关元素集中元素的平均值。

池化即下采样（downsample），目的是减小特征图的尺寸。池化操作对于每个卷积后的特征图是独立进行的，池化窗口规模一般为 2×2，相对卷积层进行卷积运算。池化层进行的运算一般有以下几种。

（1）最大池化。取 4 个元素的最大值。这是最常用的池化方法。

（2）平均值池化。取 4 个元素的平均值。

（3）高斯池化。借鉴高斯模糊的方法。不常用。

如果池化层的输入单元大小不是 2 的整数倍，一般采取边缘补零（zero-padding）的方式补成 2 的整数倍，再池化。

（1）MaxPooling2D。

MaxPooling2D（二维最大池化）的计算过程如图 3-12 所示，其中 pool_size=(2,2)，strides=(2,2)，由一个大小为 4×4 的区域下采样得到一个大小为 2×2 的区域。

图 3-12　MaxPooling2D 的计算过程

MaxPooling2D 函数的语法格式如下。

```
tf.keras.layers.MaxPool2D(
    pool_size=(2, 2), strides=None, padding='valid', data_format=None,
    **kwargs
)
```

通过 pool_size 沿由特征轴上的每个维度定义的窗口取最大值，对输入进行下采样。窗口在每个维度上以 strides 为单位移动一次。padding 值为 valid 时，输出的形状为 output_shape=(input_shape-pool_size+1)/strides。padding 值为 same 时，输出的形状为 output_shape=input_shape/strides。

MaxPooling2D 函数的常用参数及其说明如表 3-2 所示。

表 3-2　MaxPooling2D 函数的常用参数及其说明

参数名称	说明
pool_size	接收 int 类型的值。表示池化窗口的大小。默认为(2,2)
strides	接收 int 类型的值，或者 2 个 int 类型的值组成的元组或列表。表示卷积沿宽度和高度方向的步长。默认为 None
padding	接收 str，valid 或 same。valid 表示不进行边界延拓，会导致卷积后的通道尺寸变小。same 表示进行边界延拓，使得卷积后的通道尺寸不变。默认为 valid

使用 MaxPooling2D 函数构建池化层如代码 3-3 所示。

代码 3-3　使用 MaxPooling2D 函数构建池化层

```
x = tf.constant([[1., 2., 3.], [4., 5., 6.], [7., 8., 9.]])
x = tf.reshape(x, [1, 3, 3, 1])
max_pool_2d = tf.keras.layers.MaxPooling2D(pool_size=(2, 2),
                                           strides=(1, 1),
                                           padding='valid')
max_pool_2d(x)
```

代码 3-3 的输出结果如下。

```
<tf.Tensor: shape=(1, 2, 2, 1), dtype=float32, numpy=
array([[[[5.],
         [6.]],
```

```
            [[8.],
             [9.]]]], dtype=float32)>
```

（2）AveragePooling2D。

针对输出的每一个通道的特征图的所有像素计算一个平均值，经过全局平均池化（Global Average Pooling，GAP）之后得到一个特征向量（该向量的维度表示类别数），然后将其直接输入激活函数（Softmax）层。全局平均池化的图解如图 3-13 所示。

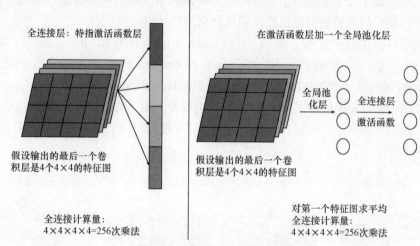

图 3-13　全局平均池化的图解

全局平均池化可代替全连接层接受任意尺寸的图像。

全局平均池化的优点如下。

① 可以更好地将类别与最后一个卷积层的特征图对应起来（每一个通道对应一个类别，这样每一个特征图都可以看成该类别对应的类别置信图）。

② 全局平均池化层没有参数，可防止在该层过拟合。

③ 整合了全局空间信息，对于输入图片的空间翻译（spatial translation）更加鲁棒。

AveragePooling2D（二维平均池化）函数的语法格式如下。

```
tf.keras.layers.AveragePooling2D(
    pool_size=(2, 2), strides=None, padding='valid', data_format=None,
    **kwargs
)
```

AveragePooling2D 函数的常用参数及其说明如表 3-3 所示。

表 3-3　AveragePooling2D 函数的常用参数及其说明

参数名称	说明
pool_size	接收 int 类型的值。表示池化窗口的大小。默认为(2,2)
strides	接收 int 类型的值，或者 2 个 int 类型的值组成的元组或列表。表示卷积沿宽度和高度方向的步长。默认为 None
padding	接收 str 类型的值，valid 或 same。valid，表示不进行边界延拓，会导致卷积后的通道尺寸变小。same 表示进行边界延拓，使得卷积后的通道尺寸不变。默认为 valid
data_format	接收 str 类型的值。表示输入中维度的排序。默认值为 channels_last

3. 归一化层

对于浅层网络来说，随着网络训练的进行，当每层中参数更新时，靠近输出层的输出较难出现剧烈变化。但对深层神经网络来说，即使输入数据已做标准化，训练中模型参数的更新依然很容易造成靠近输出层输出的剧烈变化。这种计算数值的不稳定性会导致操作者难以训练出有效的深度网络。

归一化层利用小批量上的均值和标准差，不断调整网络的中间输出，从而使整个网络在各层的中间输出的数值更稳定，提高训练网络的有效性。

归一化层目前主要有 5 种：批归一化（Batch Normalization，BN）、层归一化（Layer Normalization，LN）、实例归一化（Instance Normalization，IN）、组归一化（Group Normalization，GN）和可切换归一化（Switchable Normalization，SN）。

深度网络中的数据维度格式一般是[N,C,H,W]或者[N,H,W,C]，N 是批大小，H/W 是特征的高/宽，C 是特征的通道，压缩 H/W 至一个维度。4 种归一化（除可切换归一化）的三维表示如图 3-14 所示。

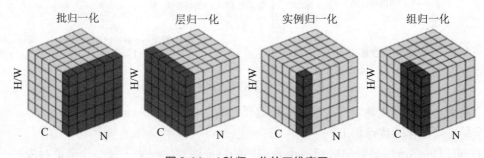

图 3-14 4 种归一化的三维表示

（1）批归一化的特性与作用如下。

① 批归一化的计算方式是将每个通道的 N、H、W 单独拿出来进行归一化处理。

② N 越小，批归一化的表现越不好，因为计算过程中所得到的均值和方差不能代表全局。

（2）层归一化的特性与作用如下。

① 横向归一化的计算方式是将 C、H、W 单独拿出来进行归一化处理，不受 N 的影响。

② 常用在循环神经网络中，但是如果输入的特征区别很大，则不建议使用层归一化进行归一化处理。

（3）实例归一化的特性与作用如下。

① 实例归一化的计算方式是将 H、W 单独拿出来进行归一化处理，不受通道和 N 的影响。

② 常用在风格化迁移中，但是如果特征图可以用到通道之间的相关性，则不建议使用实例归一化进行归一化处理。

（4）组归一化的特性与作用如下。

① 组归一化的计算方式是首先将通道 C 分成 G 组，然后把 C、H、W 单独拿出来进行归一化处理，最后把 G 组归一化之后的数据合并。

② 组归一化层介于层归一化层和实例归一化层之间，如 G 的大小可以为 1 或者为 C。

（5）可切换归一化的特性与作用如下。

① 将批归一化、层归一化和实例归一化结合，分别为它们赋予权重，让网络自己去学习归一化应该使用什么方法。

② 因为结合了多种归一化，所以训练复杂。

深度学习中最常用的是批归一化，接下来将对批归一化进行详细介绍。

批归一化可以规范某一层的数据。批归一化应用了一种变换，该变换可将该批所有样本在每个特征上的平均值保持在 0 左右，将标准差保持在 1 左右。把可能逐渐向非线性传递函数（如 Sigmoid 函数）取值的极限饱和区靠拢的分布，强制拉回到均值为 0、方差为 1 的标准正态分布，使得规范化后的输出落入对下一层的神经元比较敏感的区域，以避免梯度消失问题。如果梯度一直都能保持比较大的状态，那么神经网络参数的调整效率比较高，即向损失函数最优值"迈动的步子"大，可以加快收敛速度。

BatchNormalization 函数的语法格式如下。

```
tf.keras.layers.BatchNormalization(
    axis=-1, momentum=0.99, epsilon=0.001, center=True, scale=True,
    beta_initializer='zeros', gamma_initializer='ones',
    moving_mean_initializer='zeros',
    moving_variance_initializer='ones', beta_regularizer=None,
    gamma_regularizer=None, beta_constraint=None, gamma_constraint=None,
    renorm=False, renorm_clipping=None, renorm_momentum=0.99, fused=None,
    trainable=True, virtual_batch_size=None, adjustment=None, name=None,
**kwargs
)
```

BatchNormalization 函数的常用参数及其说明如表 3-4 所示。

表 3-4　BatchNormalization 函数的常用参数及其说明

参数名称	说明
axis	接收 int 类型的值。应规范化的轴。默认为 1
momentum	接收 float 类型的值。表示移动平均线的动量。默认为 0.99
epsilon	接收 float 类型的值。表示加在方差上的小浮点数。默认为 0.001
center	接收 bool 类型的值。表示是否将 beta 的偏移量添加到标准化张量。默认为 True
scale	接收 bool 类型的值。表示是否需要乘以 gamma。默认为 True
beta_initializer	接收 str 类型的值。表示 beta 权重的初始值设定项。默认为 zeros
gamma_initializer	接收 str 类型的值。表示 gamma 权重的初始值设定项。默认为 ones
moving_mean_initializer	接收 str 类型的值。表示移动平均值的初始值设定项。默认为 zeros
moving_variance_initializer	接收 str 类型的值。表示移动方差的初始值设定项。默认为 ones
beta_regularizer	接收函数。表示 beta 权重的可选正则化器。默认为 None
gamma_regularizer	接收函数。表示 gamma 权重的可选正则化器。默认为 None

在卷积神经网络中，1 个卷积核产生 1 个特征图，1 个特征图有 1 对 beta 和 gamma 参数，同一批次中同通道数的特征图共享同一对 beta 和 gamma 参数。若卷积层有 n 个卷积核，

则有 n 对可学习的 beta 和 gamma 参数。

在推断期间，当使用 evaluate 方法、predict 方法或通过参数调用网络层，输入数据可能只有 1 条时，批归一化将使用训练过程中看到过的批次的均值和标准差的移动平均值对输出进行归一化。可以说，它返回了(batch-self.moving_mean)/(self.moving_var+epsilon)×gamma+beta。self.moving_mean 和 self.moving_var 是不可训练变量，每次在训练模式下调用批归一化时两个变量都会更新。其中 moving_mean 和 moving_var 的表达式如下。

① moving_mean = moving_mean × momentum + mean(batch) × (1 − momentum)。

② moving_var = moving_var × momentum + var(batch) × (1 − momentum)。

4. 正则化层

在网络中，如果网络的参数太多，而训练样本又太少，训练出来的网络很容易产生过拟合的现象。过拟合具体表现在：网络在训练数据上的损失函数较小，准确率较高；但是在测试数据上损失函数较大，预测准确率较低。

（1）Dense。

正则化的英文为 regularizaiton，直译后是规则化。如 1+1=2 这个等式，就是一种规则，一种不能打破的限制。设置正则化器的目的是防止网络过拟合，进而增强网络的泛化能力。最终目的是让泛化误差（generalization error）的值无限接近于甚至等于测试误差（test error）的值。

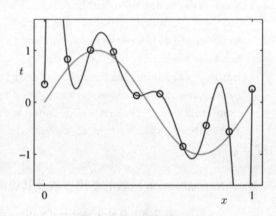

图 3-15 过拟合与正则化

对过拟合曲线与正则化后的曲线的模拟如图 3-15 所示。其中上下剧烈波动的这条曲线为过拟合曲线。而正则化就是给需要训练的目标函数加上一些规则进行限制，限制曲线变化的幅度，使其成为比较平滑的曲线。

Dense 函数的语法格式如下。

```
tf.keras.layers.Dense(
    units, activation=None, use_bias=True,
    kernel_initializer='glorot_uniform',
    bias_initializer='zeros', kernel_regularizer=None,
    bias_regularizer=None, activity_regularizer=None, kernel_constraint=None,
    bias_constraint=None, **kwargs
)
```

其中：

kernel_regularizer 表示应用于权重矩阵的正则化函数；

bias_regularizer 表示应用于偏置向量的正则化函数；

activity_regularizer 表示应用于图层输出的正则化函数。

通过 layer.losses 访问层的正则化，如代码 3-4 所示。

代码 3-4　通过 layer.losses 访问层的正则化

```
import tensorflow as tf
layer = tf.keras.layers.Dense(5,
                        kernel_initializer='ones',
                        kernel_regularizer=tf.keras.regularizers.l1(0.01),
                        activity_regularizer=tf.keras.regularizers.l2(0.01))
tensor = tf.ones(shape=(5, 5)) * 2.0
out = layer(tensor)
# 权重 kernel 是一个 5×5 的矩阵，全部分量为 1。偏置向量为 0
print(layer.get_weights())
# 输入 5×5 的矩阵，每个分量都为 2，输出 5×5 的矩阵，每个分量都为 10
print(out)
# 权重矩阵的 L1 正则化项的值为 0.01×5×5=0.25
# 输出的 L2 正则化项的值为 0.01×25×10^2/5= 5
print(tf.math.reduce_sum(layer.losses))
```

代码 3-4 的输出结果如下。

```
[array([[1., 1., 1., 1., 1.],
        [1., 1., 1., 1., 1.],
        [1., 1., 1., 1., 1.],
        [1., 1., 1., 1., 1.],
        [1., 1., 1., 1., 1.]], dtype=float32), array([0., 0., 0., 0., 0.],
dtype=float32)]
tf.Tensor(
[[10. 10. 10. 10. 10.]
 [10. 10. 10. 10. 10.]
 [10. 10. 10. 10. 10.]
 [10. 10. 10. 10. 10.]
 [10. 10. 10. 10. 10.]], shape=(5, 5), dtype=float32)
tf.Tensor(5.25, shape=(), dtype=float32)
```

（2）Dropout。

前向传播时，让某个神经元的激活值以一定的概率停止工作，可以使网络泛化能力更强，因为神经元不会太依赖某些局部的特征。丢弃（Dropout）层的工作示意如图 3-16 所示。首先随机（临时）删除网络中一些隐藏层的神经元，得到修改后的网络。然后使一小批输入数据前向传播，再把得到的损失通过修改后的网络反向传播，按照随机梯度下降法更新对应的参数（只更新没有被删除的神经元的权重）。最后恢复被删除的神经元，重复此过程。

Dropout 函数的语法格式如下。

```
tf.keras.layers.Dropout(
    rate, noise_shape=None, seed=None, **kwargs
)
```

在训练期间，将某层的神经元的激活值设置为 0，概率为 rate，这有助于防止过拟合。未设置为 0 的神经元将按 1/(1−rate) 放大，以使所有输出的总和不变。请注意，仅当 training 设置为 True 时才应用丢弃层，以便在推理期间不丢弃任何值。使用 model.fit 时，training 将自动设置为 True。丢弃层通常在全连接 Dense 层之后使用。

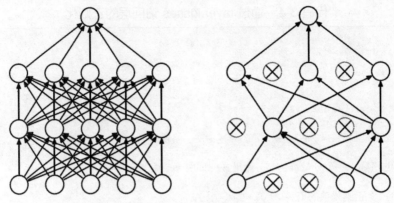

图 3-16　丢弃层的工作示意

使用 Dropout 函数构建丢弃层如代码 3-5 所示。

代码 3-5　使用 Dropout 函数构建丢弃层

```
import numpy as np
tf.random.set_seed(0)
layer = tf.keras.layers.Dropout(0.5, input_shape=(2,))
data = np.arange(20).reshape(5, 4).astype(np.float32)
print(data)
outputs = layer(data, training=True)
print(outputs)
```

代码 3-5 的输出结果如下。

```
[[ 0.  1.  2.  3.]
 [ 4.  5.  6.  7.]
 [ 8.  9. 10. 11.]
 [12. 13. 14. 15.]
 [16. 17. 18. 19.]]
tf.Tensor(
[[ 0.  0.  4.  6.]
 [ 0. 10.  0. 14.]
 [16.  0. 20. 22.]
 [24.  0.  0. 30.]
 [32. 34. 36.  0.]], shape=(5, 4), dtype=float32)
```

3.1.2　基于卷积神经网络的图像分类实例

本小节介绍一个使用卷积神经网络进行图像分类的实例。首先需要读取服饰图像数据集，不同于 MNIST 手写数字图像数据集，Fashion-MNIST 服饰图像数据集包含不同类别的服饰图像，如图 3-17 所示。

在网络不好的情况下，代码有可能会因为超时而报错，这时可以先将 4 个数据文件下载下来，不要解压，然后将 4 个数据文件存放到对应的路径中，默认路径是 C 盘用户文件夹的.keras 文件下的 datasets 目录，这时候再运行代码便不会因为网络超时而报错了。数据的加载如代码 3-6 所示。

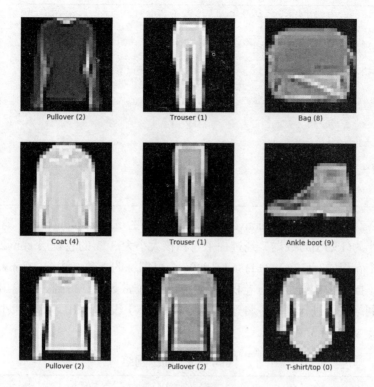

图 3-17 服饰图像数据集

代码 3-6 数据的加载

```
import tensorflow as tf
(x_train, y_train), (x_test, y_test) = tf.keras.datasets.fashion_mnist.load_
data()
x_train = x_train/255
x_test = x_test/255
print('训练集个数与图像尺寸 {}'.format(x_train.shape))
print('测试集个数与图像尺寸 {}'.format(x_test.shape))
print('第一张图像的分类 {}'.format(y_train[0]))
x_train[0]
```

使用 Conv2D 函数进行二维卷积，但 Conv2D 要求输入数据的形状为(batchsize,width, height,channel)，所以要把(28,28)的服饰数据里服饰的灰度图像重塑为(28,28,1)。为了减少参数的数量，我们还使用了 MaxPooling2D，在行方向和列方向上进行步长为 2 的下采样，数据的行数和列数各减少一半，如代码 3-7 所示。

代码 3-7 构建网络

```
model = tf.keras.Sequential([
    tf.keras.Input(shape=(28, 28)),
    tf.keras.layers.Reshape([28, 28, 1]),
    tf.keras.layers.Conv2D(
            filters=64, kernel_size=3, padding='same', activation='relu'),
    tf.keras.layers.MaxPool2D(pool_size=2, strides=1, padding='same'),
    tf.keras.layers.Conv2D(
            filters=16, kernel_size=3, padding='same', activation='relu'),
```

```
    tf.keras.layers.MaxPool2D(pool_size=2, strides=1, padding='same'),
    tf.keras.layers.Flatten(input_shape=(28, 28)),
    tf.keras.layers.Dense(300, activation='relu'),
    tf.keras.layers.Dense(100, activation='relu'),
    tf.keras.layers.Dense(10, activation='softmax')
])
model.summary()

# 编译网络
model.compile(
    optimizer = 'adam',
    loss = 'sparse_categorical_crossentropy',
    metrics = ['acc']
)
```

输入图像在经过第一层的 conv2d_14 卷积并通过 max_pooling2d_10 池化后，得到 32 个通道的大小为(13,13)的数据，经过一个卷积核大小为 3×3 的卷积层 conv2d_15，输出 64 个通道，这个卷积层有(32×3×3+1)×64=18496 个可训练的参数。注意，Conv2D 是用不同的卷积参数对不同的输入通道进行卷积，然后加上一个常数项，得到一个输出通道。

构建好网络之后进行训练，将迭代次数（epochs）设置为 10，批量大小（batch_size）设置为 1000，如代码 3-8 所示。

代码 3-8　训练网络

```
history = model.fit(x_train, y_train, epochs=10, batch_size=1000)
history
```

训练好网络之后，将测试集数据输入训练好的网络，并查看准确率，进行性能评估，如代码 3-9 所示。

代码 3-9　性能评估

```
model.evaluate(x_test, y_test, verbose=2)
```

代码 3-9 的输出结果如下。

```
313/313 - 9s - loss: 0.2323 - acc: 0.9177
Out[1]: [0.2323368638753891, 0.9176999926567078]
```

从上述结果可以看出，卷积神经网络取得了 91.77%的准确率。在图像分类的任务中，卷积神经网络通常能取得比全连接神经网络高得多的准确率。

3.1.3　常用卷积神经网络算法及其结构

除了经典的卷积神经网络之外，还有其他常见的卷积神经网络算法，如 LeNet-5、AlexNet、VGGNet、GoogLeNet 和 ResNet 等。

1. LeNet-5

LeNet-5 是 Yann LeCun（杨立昆）在 1998 年设计的用于手写数字识别的卷积神经网络，当年美国大多数银行就是用 LeNet-5 来识别支票上面的手写数字的，是早期卷积神经网络中最有代表性的实验系统之一。LeNet-5 共有 7 层（不包括输入层），每层都包含不同数量的训练参数，其网络结构如图 3-18 所示。

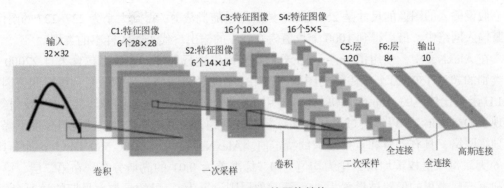

图 3-18　LeNet5 的网络结构

　　LeNet-5 中主要有 2 个卷积层、2 个下采样层（池化层）和 2 个全连接层。由于当时缺乏大规模的训练数据，且当时计算机的计算能力有限，LeNet-5 对于复杂问题的处理结果并不理想。通过对 LeNet-5 的网络结构的学习，可以直观地了解一个卷积神经网络的构建方法，可以为分析、构建更复杂、更多层的卷积神经网络做好准备。

2．AlexNet

　　AlexNet 于 2012 年由 Alex Krizhevsky（亚历克斯·克里泽夫斯基）、Ilya Sutskever（伊利亚·萨斯基）和 Geoffrey Hinton（杰弗里·欣顿）等人提出，在 2012 年计算机视觉领域最具权威的学术竞赛之一——ILSVRC 中取得了最佳的成绩并且把第二名远远地甩在了后面。这也是卷积神经网络第一次取得这么好的成绩，因此震惊了整个领域，从此卷积神经网络才开始被大众所熟知。ILSVRC 是 ImageNet 发起的挑战赛，是计算机视觉领域的"奥运会"。全世界的团队带着他们的网络来对 ImageNet 中数以千万的、共 1000 个类别的图片进行分类、定位、识别。这是一个相当有难度的工作。AlexNet 的网络结构如图 3-19 所示。

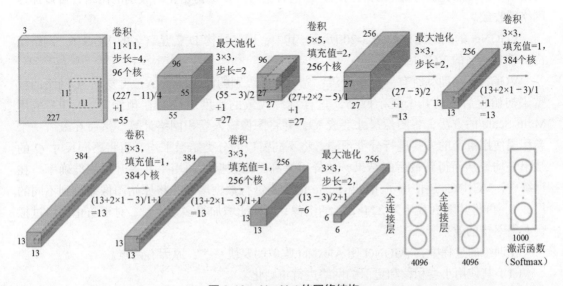

图 3-19　AlexNet 的网络结构

假设输入的图像的尺寸是 256×256，然后通过随机裁剪，得到大小为 227×227 的图像，将其输入网络中，最后得到 1000 个数值为 0 到 1 的输出，代表输入样本的类别。

在 AlexNet 中，使用了 ImageNet 数据集对网络进行训练，该数据包含来自 22000 多个类别的超过 1500 万个带注释的图像；使用了 ReLU 激活函数，缩短了训练时间，因为 ReLU 函数比传统的 tanh 函数快几倍；使用了数据增强技术，包括图像转换、水平反射等；实现了 Dropout 层，以解决过度拟合训练数据的问题；使用基于小批量的随机梯度下降算法训练网络，具有动量和重量衰减的特定值。AlexNet 在两个 GTX 580 GPU 上训练了 5 到 6 天。每一层权重均初始化为均值为 0、标准差为 0.01 的高斯分布，在第二层、第四层和第五层卷积的偏置被设置为 1.0，而其他层则设置为 0，目的是加大早期的学习率（因为激活函数是 ReLU，1.0 的偏置可以让大部分输出为正）。学习率初始值为 0.01，在训练结束前共减小 3 次，每次减小都出现在错误率停止下降的时候，每次减小都是把学习率除以 10。

在使用饱和型的激活函数时，通常需要对输入进行批归一化处理，以利用激活函数在 0 附近的线性特性与非线性特性，但对于 ReLU 函数，不需要对输入进行批归一化处理。然而，Alex 等人发现通过局部响应归一化有助于提高网络的泛化性能。局部归一化是指，对位置为(x,y)的像素计算其与几个相邻的卷积核特征的像素值的和，并除以这个和来归一化。

3. VGGNet

VGGNet（Visual Geometry Group）于 2014 年被牛津大学的 Karen Simonyan（凯伦·西蒙扬）和 Andrew Zisserman（安德鲁·齐瑟曼）提出，主要特点是"简洁、深度"。深度，是因为 VGG 有 19 层，远远超过了它的"前辈"；而简洁则体现在它的结构上，一律采用步长为 1 的 3×3 的过滤器，以及步长为 2 的 2×2 的最大池化。

VGGNet 一共有 6 种不同的网络结构，每种结构都含有 5 组卷积，每组卷积都使用 3×3 的卷积核，每组卷积后进行一个 2×2 的最大池化，接下来是 3 个全连接层。在训练高级别的网络时，可以先训练低级别的网络，用前者获得的权重初始化高级别的网络，可以加速网络的收敛。

VGGNet 的网络结构如图 3-20 所示，其中，网络结构 D 就是著名的 VGG16，网络结构 E 就是著名的 VGG19。

VGGNet 在训练时有一个小技巧：先训练低级别的简单网络 A，再复用 A 网络的权重来初始化后面的几个复杂网络，这样训练收敛的速度更快。在预测时，VGG 采用 Multi-Scale 的方法，将图像尺寸变成 Q，并将图像输入卷积网络计算。然后在最后一个卷积层使用滑窗的方式进行分类预测，将不同窗口的分类结果平均，再将不同尺寸 Q 的结果平均，从而得到最后的结果，这样可提高图像数据的利用率并提升预测准确率。在训练中，VGGNet 还使用了 Multi-Scale 的方法进行数据增强，将原始图像缩放到不同的尺寸 S，再将其随机裁切为 224×224 的图像，这样能增加很多数据量，对于防止网络过拟合有很不错的效果。

在训练的过程中，VGGNet 比 AlexNet 收敛的要快一些，原因有两点。

（1）其使用小卷积核和更深的网络进行正则化。

（2）其在特定的层使用了预训练得到的数据进行参数初始化。

ConvNet 配置					
A	A-LRN	B	C	D	E
11 权重	11 权重	13 权重	16 权重	16 权重	19 权重
输入(224×224 RGB 图像)					
conv3-64	conv3-64 **LRN**	conv3-64 **conv3-64**	conv3-64 conv3-64	conv3-64 conv3-64	conv3-64 conv3-64
最大池化层					
conv3-128	conv3-128	conv3-128 **conv3-128**	conv3-128 conv3-128	conv3-128 conv3-128	conv3-128 conv3-128
最大池化层					
conv3-256 conv3-256	conv3-256 conv3-256	conv3-256 conv3-256	conv3-256 conv3-256 **conv1-256**	conv3-256 conv3-256 **conv3-256**	conv3-256 conv3-256 conv3-256 conv3-256
最大池化层					
conv3-512 conv3-512	conv3-512 conv3-512	conv3-512 conv3-512	conv3-512 conv3-512 **conv1-512**	conv3-512 conv3-512 **conv3-512**	conv3-512 conv3-512 conv3-512 **conv3-512**
最大池化层					
conv3-512 conv3-512	conv3-512 conv3-512	conv3-512 conv3-512	conv3-512 conv3-512 **conv1-512**	conv3-512 conv3-512 **conv3-512**	conv3-512 conv3-512 conv3-512 **conv3-512**
最大池化层(maxpooling)					
全连接层-4096(FC-4096)					
全连接层-4096(FC-4096)					
全连接层-1000 (FC-1000)					
激活函数 (Softmax)					

图 3-20　VGGNet 的网络结构

在 VGGNet 中，仅使用 3×3 的卷积，与 AlexNet 第一层 11×11 的过滤器和 ZFNet 7×7 的卷积完全不同。两个 3×3 的卷积层的组合具有 5×5 的有效感受野。(感受野即卷积神经网络特征所能看到输入图像的区域，换句话说，特征输出受感受野区域内的像素点的影响。实际有效的感受野和理论上的感受野差距比较大，实际有效的感受野是一个高斯分布。)这可以模拟更大的卷积，同时保持较小卷积的优势，减少了参数的数量。随着层数的增加，数据空间减小（池化层的结果），但在每个池化层之后输出通道数量翻倍。在 VGGNet 中，使用 Caffe 工具箱构建网络，在每个转换层之后使用 ReLU 激活函数并使用批量梯度下降进行训练，在 4 个 NVIDIA Titan Black GPU 上训练了两到三周，局部响应标准化（Local Response Normalization，LRN）层作用不大。

4. GoogLeNet

GoogLeNet 是 2014 年 Christian Louboutin（克里斯提·鲁布托）提出的一种全新的深度学习结构，在这之前，AlexNet、VGGNet 等结构都是通过增加网络的深度（层数）来获得更好的训练效果的，但层数的增加会带来很多负作用，如过拟合、梯度消失、梯度爆炸等。网络宽度的提出则从另一个角度来提升训练结果，能更高效地利用计算资源，在相同的计算量下能提取到更多的特征。GoogLeNet 的 Inception 结构如图 3-21 所示。其中，图 3-21（a）是最初版本的 Inception 模块，图 3-21（b）是能降维的 Inception 模块。该结构对某一层同时用多个不同大小的卷积核进行卷积，再将其连接在一起。这种结构可以自动找到一个不同大小的卷积核的最优搭配。

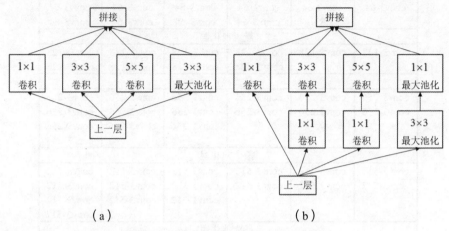

（a）　　　　　　　　　　　（b）

图 3-21　GoogLeNet 的 Inception 结构

5. ResNet

ResNet 于 2015 年由微软亚洲研究院的学者们提出。卷积神经网络面临的一个问题是，随着层数的增加，卷积神经网络会遇到瓶颈，其效果甚至会不增反降。这往往是由梯度爆炸或者梯度消失引起的。ResNet 就是为了解决这个问题而提出的，可以帮助我们训练更深的网络。它引入了一个残差块（residual block），其结构如图 3-22 所示。

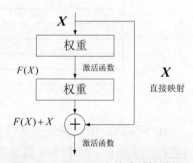

图 3-22　ResNet 中的残差块结构

在 ResNet 中，网络可以达到 152 层，具有"超深"的网络结构。有趣的是，在前两层之后，空间大小从 224×224 的输入体积会压缩到 56×56。在普通网络中单纯增加层数会导致更高的训练和测试误差。ResNet 在具有 8 个 GPU 的机器上训练了两到三周。ResNet 是我们目前拥有的分类性能最佳的卷积神经网络架构，是残差学习理念的重要创新。

3.2　循环神经网络

循环神经网络（Recurrent Neural Network，RNN）是一类以序列数据为输入，在序列的演进方向递归，且所有节点（循环单元）按链式连接的递归神经网络（Recursive Neural Network）。

对循环神经网络的研究始于 20 世纪 80 年代至 90 年代，并在 21 世纪初发展为深度学习算法之一，其中双向循环神经网络和长短期记忆（Long Short-Term Memory，LSTM）网络是常见的循环神经网络。

循环神经网络具有记忆性、参数共享并且可以模拟单带图灵机，因此在对序列的非线性特征进行学习时具有一定优势。循环神经网络常用于自然语言处理领域，如语音识别、语言建模、机器翻译等，也被用于各类时间序列预报。引入了卷积神经网络结构的循环神经网络可以处理包含序列输入的计算机视觉问题。

设计循环神经网络的目的是处理序列数据。在传统的神经网络中，结构是从输入层到隐藏层再到输出层，层与层之间是全连接的，层内的节点之间是无连接的。但是这种神经网络不具备长短期记忆的能力。假设需要预测句子中的下一个单词是什么，通常需要使用预测对象前面的单词，因为一个句子中前面的单词和后面的单词并不是独立的。循环神经网络之所以如此命名，是因为网络中一个序列当前的输出与上一次的输出有关。具体的表现形式为网络会对上一次的信息进行记忆并应用于当前输出的计算中，即隐藏层内的节点之间是有连接的，并且隐藏层的输入不仅包括输入层的输出，还包括上一时刻隐藏层的输出。理论上，循环神经网络能够对任何长度的序列数据进行处理。但是在实践中，为了降低复杂性，我们往往假设当前的状态只与前面几个状态相关。一个典型的循环神经网络，如图 3-23 所示。

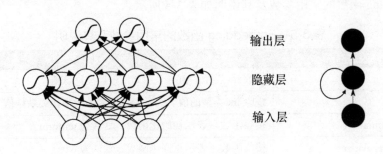

图 3-23　典型的循环神经网络

3.2.1　循环神经网络中的常用网络层

本小节介绍利用 TensorFlow 实现循环神经网络中需要用到的网络层，并解释每个网络层的计算原理。

1. Embedding 层

首先需要解释一下分类数据矢量化。分类数据是指来自有限选择集的一个或多个离散项的输入特征。分类数据最直接的表示方式是通过稀疏张量（sparse tensor）表示，即通过独热编码实现向量化。

但是通过独热编码实现的分类数据向量化，有如下两个问题使得机器学习不能有效学习。

（1）输入向量太大。在深度学习中，巨大的输入向量意味着神经网络的超大数量的权重。假设一个词汇表中有 m 个单词，并且输入网络的第一层中有 n 个节点，则需要使用 $m \times n$ 个权重来训练该网络的第一层。大量的权重会导致有效训练需要的数据增多且训练和使用网络所需的计算量增多。

（2）向量间缺少有意义的关系。将 RGB 通道的像素值提供给图像分类器，那么谈论"相近"值是有意义的。例如"略带红色的蓝色接近纯蓝色"这个判断无论是在语义上还是在向量之间的几何距离方面都成立。但是，假设索引 1247 存在向量 1 表示为"马"，索引 50430 存在向量 1 表示为"羚羊"。"外貌与马类似、长了四条腿的羚羊与狮子很接近"这句话无论是在语义上还是在生物学中都不成立。

为了能够更快地训练网络，不仅需要足够大的维度来编码丰富的语义关系，也需要一个足够大的向量空间。

Embedding 层的作用是将高维数据映射到较低维的空间，这样既解决了向量空间高维度的问题，又赋予了单词间在几何空间中距离远近的实际意义。

Embedding 层只能用作网络中的第一层。Embedding 函数的语法格式如下。

```
tf.keras.layers.Embedding(
    input_dim, output_dim, embeddings_initializer='uniform',
    embeddings_regularizer=None, activity_regularizer=None,
    embeddings_constraint=None, mask_zero=False, input_length=None, **kwargs
)
```

Embedding 函数的常用参数及其说明如表 3-5 所示。

表 3-5　Embedding 函数的常用参数及其说明

参数名称	说明
input_dim	接收 int 类型的值。表示词汇量。无默认值
output_dim	接收 int 类型的值。表示密集嵌入的大小。无默认值
embeddings_initializer	接收函数。表示初始化函数。默认为 uniform
embeddings_regularizer	接收函数。表示正则化函数。默认为 None
activity_regularizer	接收函数。表示正则化激活函数。默认为 None
embeddings_constraint	接收函数。表示约束函数。默认为 None
mask_zero	接收 bool 类型的值。表示是否排除 0。默认为 False

使用 Embedding 函数构建训练矩阵，如代码 3-10 所示。

代码 3-10　使用 Embedding 函数构建训练矩阵

```python
import tensorflow as tf
import numpy as np
model = tf.keras.Sequential()
# 输出的大小为(batch,input_length,features)，这里的 features=64
# Embedding 层可训练的矩阵大小为(1000,64)
model.add(tf.keras.layers.Embedding(1000, 64, input_length=10))
# 生成 32 个句子，每个句子包含 10 个单词，单词的编号从 0 到 999 随机选取
input_array = np.random.randint(1000, size=(32, 10))
model.compile('rmsprop', 'mse')
output_array = model.predict(input_array)
print(output_array.shape)
```

代码 3-10 的输出结果如下。

```
(32, 10, 64)
```

网络将大小为(batch,input_length)的整数矩阵作为输入，input_length 值为 10 意味着每个句子只包含 10 个单词，batch 值为 1000 意味着输入的最大整数，即单词索引应不大于 999。

2. 循环层

前馈神经网络只能独立处理每一个输入，进入网络的前一个输入和后一个输入之间是完全没有关联的。但是，某些任务需要前一个输入和后一个输入之间有关联，因为处理的目标不再是一个输入值，而是多个输入值之间有关联的序列。例如，当需要理解一句话的意思时，只是独立地去理解这句话中的每个词将无法理解整句话所表达的意思，而需要理解将这些词连接起来后的整个序列。处理视频的时候也不能只是单独地去分析每一帧，而是需要分析将这些帧连接起来后的整个序列。

以自然语言处理中一个非常简单的词性标注的任务为例，要将"我""吃""苹果"3个单词标注词性为"我"/名词、"吃"/动词、"苹果"/名词，普通的前馈神经网络会将每个单词及其词性作为独立的输入和输出。但是实际上，一个句子中的前一个单词对于当前单词的词性预测具有很大的影响，如预测"苹果"的词性的时候，由于前面的"吃"是一个动词，那么显然可以认为"苹果"是名词的概率远大于是动词的概率，这是因为动词后面接名词更为常见，而动词后面接动词很少见。

为了解决一些类似的问题，循环神经网络诞生了。循环神经网络的隐藏层结构如图 3-24 所示。其中，$X=[x_1, x_2, \cdots, x_m]^T$ 是一个单词的输入向量（Embedding 层的输出）；$S=[s_1, s_2, \cdots, s_n]^T$ 是隐藏层的各个神经元的输出向量；$U \in \mathbf{R}^{n \times m}$ 是输入层到隐藏层的权重矩阵，V 是隐藏层到输出层的权重矩阵；O 是输出层的各个神经元的输出向量。

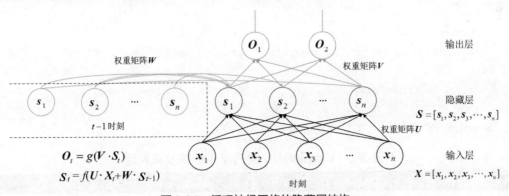

图 3-24 循环神经网络的隐藏层结构

循环神经网络的隐藏层的输出向量 S_t 不仅取决于当前时刻（单词）t 的输入 X_t，还取决于上一个时刻（单词）$t-1$ 的隐藏层的输出向量 S_{t-1}，即 $S_t = f(U \cdot X_t + W \cdot S_{t-1})$。其中，权重矩阵 $W \in \mathbf{R}^{m \times n}$ 表示隐藏层上一个时刻的输出向量作为这一次的输入的权重。

将图 3-24 中的隐藏层按时间线展开，如图 3-25 所示。假设一句话有 4 个单词，每个单词的 Embedding 层的输出向量作为 t 时刻的输入 X_t，整个网络的输出可以在最后一个单词输入后得到。

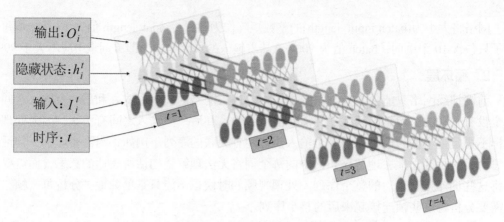

输出：O_i^t

隐藏状态：h_i^t

输入：I_i^t

时序：t

$t=1$

$t=2$

$t=3$

$t=4$

图 3-25　按时间线展开的循环神经网络的隐藏层结构

在 tf.keras 中提供了一些常用的循环层的实现，如 SimpleRNN 函数、LSTM 函数。

（1）SimpleRNN。

SimpleRNN 类的语法格式如下。

```
tf.keras.layers.SimpleRNN(
    units, activation='tanh', use_bias=True,
    kernel_initializer='glorot_uniform',
    recurrent_initializer='orthogonal',
    bias_initializer='zeros', kernel_regularizer=None,
    recurrent_regularizer=None, bias_regularizer=None, activity_regularizer=
None,
    kernel_constraint=None, recurrent_constraint=None, bias_constraint= None,
    dropout=0.0, recurrent_dropout=0.0, return_sequences=False, return_ state=
False,
    go_backwards=False, stateful=False, unroll=False, **kwargs
)
```

SimpleRNN 类的常用参数及其说明如表 3-6 所示。

表 3-6　SimpleRNN 类的常用参数及其说明

参数名称	说明
units	接收 int 类型的值。表示输出空间的维度。无默认值
activation	接收函数。表示要使用的激活函数。默认为 tanh
return_sequences	接收 bool 类型的值。表示是否返回输出序列中的最后一个输出。默认为 True
return_state	接收 bool 类型的值。表示是否返回最后一个状态。默认为 False
go_backwards	接收 bool 类型的值。表示向后处理输入序列并返回相反的序列。默认为 False
stateful	接收 bool 类型的值。表示批次中索引 i 处的每个样品的最后状态是否将用作下一批次中索引 i 处的每个样品的初始状态。默认为 False
unroll	接收 bool 类型的值。表示是否将网络展开。默认为 False

使用 SimpleRNN 类构建网络如代码 3-11 所示。

代码 3-11　使用 SimpleRNN 类构建网络

```
import tensorflow as tf
import numpy as np
# 网络将大小为(batch,input_length)的整数矩阵作为输入，也就是说每个句子只包含 10 个单词
# 并且输入的最大整数（单词索引）应不大于 999（从 0 开始，即不超过 1000 个单词）
model = tf.keras.Sequential()
model.add(tf.keras.layers.Embedding(1000, 64, input_length=10))

# Embedding 层输出的每个句子包含 10 个单词，每个单词编码成一个 64 维的向量
# 即将(batch,input_length,features)作为 SimpleRNN 的输入
model.add(tf.keras.layers.SimpleRNN(128))
model.summary()

# 生成 32 个句子，每个句子包含 10 个单词，单词的编号从 0 到 999 随机选取
input_array = np.random.randint(1000, size=(32, 10))
output_array = model.predict(input_array)
print(output_array.shape)

# 还可以让 SimpleRNN 层返回每个单词的输出
inputs = np.random.random([32, 10, 8]).astype(np.float32)
simple_rnn = tf.keras.layers.SimpleRNN(128,
                                       return_sequences=True,
                                       return_state=True)
whole_sequence_output, final_state = simple_rnn(inputs)
print(whole_sequence_output.shape)
```

运行代码 3-11 得到的结果如下。

```
Model: "sequential_1"

_____
Layer (type)                 Output Shape              Param #
=================================================================
embedding_1 (Embedding)      (None, 10, 64)            64000

_____
simple_rnn (SimpleRNN)       (None, 128)               24704

=================================================================
Total params: 88,704
Trainable params: 88,704
Non-trainable params: 0

_____
(32, 128)
(32, 10, 128)
```

在代码 3-11 中，Embedding 层的权重矩阵有 1000×64=64000 个可训练的参数。在 SimpleRNN 函数中，每个单词的输入维度为 64，隐藏层有 128 个节点，然后直接经过传递函数得到 128 维的输出。因此，输入层到隐藏层的权重矩阵 U 有 128×64=8192 个可训练的参数，上一个时刻的隐藏层的输出向量作为这一次的输入的权重矩阵 W 有 128×128=16384 个可训练的参数，偏置向量 b 有 128 个可训练的参数。所以 SimpleRNN 类中一共有

$128×64+128×128+128=24704$ 个可训练的参数。

（2）LSTM。

简单 RNN 的记忆功能不够强大，当输入的数据序列比较长时，它无法将序列中之前获取的信息有效地向下传递，LSTM 网络则能够克服简单 RNN 的这个缺点。

LSTM 网络的内部结构如图 3-26 所示。其中，$\odot$ 表示阿达马积（Hadamard Product），将矩阵中对应的元素相乘，要求两个相乘的矩阵大小是相同的。x^t 是 t 时刻的输入，c^{t-1} 和 h^{t-1} 是 $t-1$ 时刻的两个输出，分别表示细胞状态（cell state）和隐藏状态（hidden state）。其中 c^t 的数值大小随着传递的进行改变得较慢，因为输出的 c^t 是上一个状态传过来的 c^{t-1} 加上一些数值而得到的。而在不同节点下的 h^t 的数值大小改动幅度较大。设 $X^t = \begin{bmatrix} x^t \\ h^{t-1} \end{bmatrix}$，$\sigma(z) = \dfrac{1}{1+\mathrm{e}^{-z}}$，$\tanh(z) = \dfrac{\mathrm{e}^z - \mathrm{e}^{-z}}{\mathrm{e}^z + \mathrm{e}^{-z}}$，则 $z^f = \sigma(W^f X^t)$，$z^i = \sigma(W^i X^t)$，$z = \tanh(W X^t)$，$z^o = \sigma(W^o X^t)$。

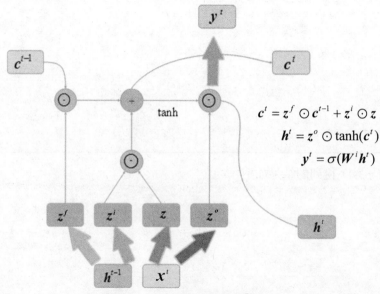

图 3-26　LSTM 网络的内部结构

LSTM 网络内部主要分为 3 个阶段，首先是忘记阶段，然后是选择记忆阶段，最后是输出阶段。

① 忘记阶段。这个阶段主要是对上一个节点传进来的输入进行选择性忘记，即将计算得到的 z^f（f 表示 forget）作为忘记门控，以控制上一个状态的 c^{t-1} 有哪些需要留下来，哪些需要忘记。

② 选择记忆阶段。这个阶段的输入会被有选择地进行"记忆"，主要是会对输入 x^t 进行选择记忆。当前的输入内容由前面计算得到的 z 表示，而选择的门控信号则由 z^i（i 代表 information）控制。将上面两步得到的结果相加，即可得到传输给下一个状态的 c^t。即 $c^t = z^f \odot c^{t-1} + z^i \odot z$。

③ 输出阶段。这个阶段将决定当前状态的输出值。当前状态的输出值主要是通过 z^o（o 代表 output）来控制的，并且还对上一阶段得到的 c^o 进行了放大或缩小的操作。放缩操

作通过 tanh 激活函数进行变化）。与经典 RNN 类似，输出 y^t 往往也是通过 h^t 变化得到的。

LSTM 网络通过门控状态来控制传输状态，记住需要长时间记忆的，忘记不重要的信息；而不像普通的 RNN 那样，只有一种记忆叠加方式。但也因为 LSTM 网络引入了很多内容，导致参数变多，也使得训练难度加大了很多。因此很多时候会使用效果和 LSTM 网络相当、但参数更少的门控循环单元（Gated Recurrent Unit，GRU）来构建大训练量的网络。

LSTM 类的语法格式如下。

```
tf.keras.layers.LSTM(
    units, activation='tanh', recurrent_activation='sigmoid',
    use_bias=True, kernel_initializer='glorot_uniform',
    recurrent_initializer='orthogonal',
    bias_initializer='zeros', unit_forget_bias=True,
    kernel_regularizer=None, recurrent_regularizer=None, bias_regularizer=None,
    activity_regularizer=None, kernel_constraint=None, recurrent_constraint=None,
    bias_constraint=None, dropout=0.0, recurrent_dropout=0.0,
    return_sequences=False, return_state=False, go_backwards=False, stateful=
False,
    time_major=False, unroll=False, **kwargs
)
```

LSTM 类的常用参数及其说明如表 3-7 所示。

表 3-7　LSTM 类的常用参数及其说明

参数名称	说明
units	接收 int 类型的值。表示输出空间的维度。无默认值
activation	接收函数。表示要使用的激活函数。默认为 tanh
recurrent_activation	接收函数。表示用于循环步骤的激活函数。默认为 Sigmoid
use_bias	接收 bool 类型的值。表示是否使用偏置向量。默认为 True

3. 注意力模型

注意力模型（attention model）被广泛使用在自然语言处理、图像识别及语音识别等各种类型的深度学习任务中，是深度学习技术中值得关注与深入了解的核心技术之一。无论是在图像处理、语音识别还是自然语言处理等各种类型的任务中，都很容易遇到注意力模型。了解注意力机制的工作原理对于关注深度学习技术发展的技术人员来说有很大的必要性。

（1）人类的视觉注意力。

从注意力网络的命名方式来看，显然其借鉴了人类的注意力机制，因此首先简单介绍人类的视觉注意力机制。

视觉注意力机制是人类视觉所特有的大脑信号处理机制。人类视觉通过快速扫描全局图像，找到需要重点关注的目标区域，也就是一般所说的注意力焦点，而后对这一区域投入更多注意力资源，以获取更多需要关注的目标的细节信息，同时忽略其他无用信息。这是人类利用有限的注意力资源从大量信息中快速筛选出高价值信息的手段，是人类在长期进化中形成的一种生存机制。人类视觉注意力机制极大地提高了视觉信息处理的效率与准确性。

（2）编码—解码框架。

要了解深度学习中的注意力网络，就要先了解编码—解码（Encoder-Decoder）框架。目前大多数注意力网络附着在 Encoder-Decoder 框架下。当然，其实注意力网络可以看作一种通用的思想，本身并不依赖于特定框架，这点需要注意。Encoder-Decoder 框架可以看作深度学习领域的一种研究模式，其应用场景异常广泛。抽象的文本处理领域的 Encoder-Decoder 框架如图 3-27 所示。

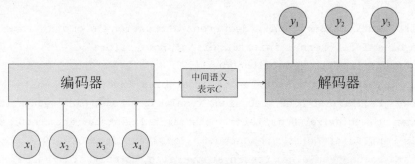

图 3-27　抽象的文本处理领域的 Encoder-Decoder 框架

令单词序列 Source $=< x_1, x_2, \cdots, x_m >$，Target $=< y_1, y_2, \cdots, y_n >$，如图 3-27 所示，对于句子对 <Source,Target>，给定输入句子 Source，期望通过抽象的文本处理领域的 Encoder-Decoder 框架来生成目标句子 Target。Source 和 Target 可以是同一种语言，也可以是两种不同的语言。

编码器将输入句子 Source 通过非线性变换（循环神经网络）F 转化为中间语义表示 $C = F(x_1, x_2, \cdots, x_m)$。

解码器根据句子 Source 的中间语义表示 C 和之前已经生成的历史信息 $y_1, y_2, \cdots, y_{i-1}$ 利用另一个变换（RNN）g 来生成 i 时刻要生成的单词 y_i，$y_{i-1} = g(C, y_1, y_2, \cdots, y_{i-1})$。

y_i 依次产生后，整个系统即根据输入句子 Source 生成了目标句子 Target。如果 Source 是中文句子，Target 是英文句子，那么这就是解决机器翻译问题的 Encoder-Decoder 框架；如果 Source 是一篇文章，Target 是概括性的几句描述语句，那么这就是文本摘要的 Encoder-Decoder 框架；如果 Source 是一句问句，Target 是一句回答，那么这就是问答系统或者对话机器人的 Encoder-Decoder 框架。由此可见，在文本处理领域，Encoder-Decoder 的应用相当广泛。

抽象的文本处理领域的 Encoder-Decoder 框架不仅仅在文本领域广泛使用，在语音识别、图像处理等领域也经常使用。例如，对于语音识别来说，编码器的输入是语音流，输出是对应的文本信息；而对于"图像描述"任务而言，编码器的输入是一张图片，解码器的输出则是能够描述图片语义内容的一句描述语；如果编码器的输入是一句话，解码器的输出是一张图片，则可以构造智能绘图的应用；如果编码器的输入是一张有噪声的图片，解码器的输出是一张无噪声的图片，则可以用于图像去噪；如果编码器的输入是一张黑白图片，解码器的输出是一张彩色图片，则可以用于黑白图像上色。一般而言，文本处理和语音识别的编码器通常采用 RNN，图像处理的编码器一般采用 CNN。

（3）注意力网络。

抽象的文本处理领域的 Encoder-Decoder 框架可以看作注意力不集中的分心网络。因为不管 i 为多少，y_i 都是基于相同的中间语义表示 C 进行编码的，所以注意力对所有输出都是相同的。注意力机制的任务是突出重点，也就是说，中间语义表示 C 对不同的 i 应该有不同的侧重点，如式（3-2）和式（3-3）所示。

$$y_i = g(C_i, y_1, y_2, \cdots, y_{i-1}) \tag{3-2}$$

$$C_i = \sum_{j=1}^{m} a_{ij} h_j \tag{3-3}$$

其中，h_j 是输入句子中第 j 个单词的语义编码，H_i 是输出句子中第 i 个单词的语义编码，a_{ij} 代表在 Target 输出第 i 个单词时，Source 输入句子中第 j 个单词的注意力分配系数，a_{ij} 的定义如式（3-4）所示。

$$a_{ij} = \frac{e^{f(h_j, H_{i-1})}}{\sum_j e^{f(h_j, H_{i-1})}} \tag{3-4}$$

其中，f 是相似性计算函数。常见的方法包括：点积、余弦或者通过再学习一个额外的神经网络来求值，然后用类似激活函数（Softmax）的计算方式对相似性进行数值转换。这样一方面可以进行归一化，将原始计算分值整理成所有元素权重之和为 1 的概率分布；另一方面也可以通过 Softmax 的内在机制突出重要元素的权重。值得一提的是，这种注意力网络的编程实现有点复杂。下面介绍更容易实现的自注意力机制。

（4）自注意力机制。

自注意力（self attention）机制也经常被称为内部注意力（intra attention）机制，也获得了比较广泛的使用，如 Google 的机器翻译网络内部大量采用了自注意力机制。

在一般任务的 Encoder-Decoder 框架中，输入 Source 和输出 Target 内容是不一样的，如对于英-中机器翻译而言，Source 是英文句子，Target 是对应的、翻译的中文句子，注意力机制发生在 Target 的元素 Query 和 Source 中的所有元素之间。而自注意力，顾名思义，指的不是 Target 和 Source 之间的注意力机制，而是 Source 内部元素之间或者 Target 内部元素之间发生的注意力机制，也可以理解为在 Target 和 Source 相等这种特殊情况下的注意力计算机制。如果是常规的、Target 不等于 Source 的情况下的注意力计算，其数学意义正如上文 Encoder-Decoder 框架部分所讲。

可视化地表示自注意力机制在同一个英语句子内的单词间产生的联系，如图 3-28 所示。

从图 3-28 可以看出，翻译 "making" 的时候会注意到 "more difficult"，因为这两者组成了一个常用的短语关系。采用自注意力机制不仅可以捕获同一个句子中单词之间的一些句法特征或者语义特征，在计算过程中还可以直接将句子中任意两个单词的联系通过一个计算步骤直接联系起来，所以相互依赖的特征之间的距离被极大缩短，有利于有效地利用这些特征。RNN 和 LSTM 网络均需要按序列顺序依次计算，对于远距离的相互依赖的特征，要经过若干时间序列的信息累积才能将两者联系起来，而距离越远，有效捕获的可能性越小。而引入自注意力机制后，捕获句子中远距离的相互依赖的特征就相对容易了。除此之外，自注意力机制对于增加计算的并行性也有直接帮助。

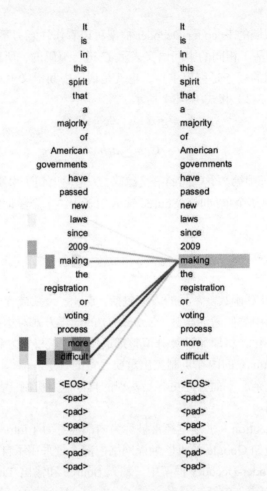

图 3-28　机器翻译中的自注意力机制实例

翻译词组"Thinking Machines"时，自注意力机制的计算过程如图 3-29 所示。其中单词"Thinking"经过 Embedding 层得到的输出用 x_1 表示，"Machines"经过 Embedding 层得到的输出用 x_2 表示。单词"Thinking"的 Query、Key 和 Value 分别由 x_1 经过线性变换得到，即 $q_1 = x_1 W^{Q}$，$k_1 = x_1 W^{K}$，$v_1 = x_1 W^{V}$，其中 W^{Q}、W^{K} 和 W^{V} 是相同大小的、可学习的变换矩阵，由神经网络训练得到。同理，单词"Machines"的 Query、Key、Value 参数分别表示为 q_2、k_2 和 v_2。

当处理"Thinking"这个单词时，需要计算句子中所有单词与它的注意力得分，这就像将当前词作为搜索的 Query，去和句子中所有单词（包含该单词本身）的 Key 匹配，看看相关度有多高，即计算 q_1 与 k_1 的点乘，以及 q_1 与 k_2 的点乘。同理，计算"Machines"的注意力得分的时候需要计算 q_2 与 k_1 的点乘以及 q_2 与 k_2 的点乘。然后进行尺度的缩放并用激活函数（Softmax）进行归一化操作。当前单词与其自身的注意力得分一般最大，其他单词与当前单词有对应的注意力得分。然后将当前单词的注意力得分和其他单词与当前单词对应的注意力得分，分别与 Value 相乘，再对分别相乘得到的值做求和运算，得到当前单词的特征输出。

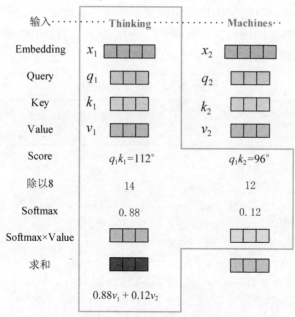

图 3-29　自注意力机制的计算过程

3.2.2　基于循环神经网络的文本分类实例

在 3.2.1 小节的 Embedding 层中，介绍了单词向量化的算法原理。文本数据的训练数据越多，得到的单词向量意思越清晰明了。然而，文本数据的训练数据越多，越考验相应的算力。美国斯坦福大学基于 Glove 的向量化算法（Skip-Gram 算法的变种），用维基百科中的所有文本数据训练后得到了比较精准的单词向量。在斯坦福大学预先训练好的 Glove 单词向量数据库的基础上，本小节使用循环神经网络来实现新闻摘要的分类，并与自注意力机制的结果进行对比。

新闻摘要 IMDb 数据集以 JSON 格式存储，包含来自互联网的 50000 条严重两极分化的评论，该数据集被分为用于训练的 25000 条评论和用于测试的 25000 条评论，训练集和测试集都包含 50%的正面评价和 50%的负面评价。该数据集已经经过预处理，评论（单词序列）已经被转换为整数序列，其中每个整数代表字典中的某个单词。首先加载该数据并划分训练集与测试集，如代码 3-12 所示。

代码 3-12　加载数据

```
import tensorflow as tf
import numpy as np
from keras.datasets import imdb

X = np.load('./data/imdb.npz',allow_pickle=True)
# 训练集样本自变量
train_x = X['x_train']
# 测试集样本自变量
test_x = X['x_test']
train_y = X['y_train']
test_y = X['y_test']
```

将词用向量进行表示，向量的维度为词向量维度，假设词向量维度为 3。可以在词向量表中找出词索引所映射的词向量。例如 "!" 索引为 3，则找出的词向量为[10,12,19]。构建词向量，如代码 3-13 所示。

代码 3-13　构建词向量

```
data = np.array([[0, 1, 2], [2, 1, 1]])
emb = tf.keras.layers.Embedding(input_dim=3, output_dim=3, input_length=5)
emb(data)
```

代码 3-13 的输出结果如下。

```
<tf.Tensor: shape=(2, 3, 3), dtype=float32, numpy=
array([[[-0.0299325 , -0.00991888, -0.04635036],
        [-0.02486228, -0.02122532,  0.00931715],
        [ 0.04859397, -0.0479213 , -0.02212948]],

       [[ 0.04859397, -0.0479213 , -0.02212948],
        [-0.02486228, -0.02122532,  0.00931715],
        [-0.02486228, -0.02122532,  0.00931715]]], dtype=float32)>
```

查看数据集词和 id 的映射关系，若显示网络超时报错，可以先到对应官网将 imdb_word_index.json 文件下载后放入指定路径，若相对路径报错则放入绝对路径，如代码 3-14 所示。

代码 3-14　查看数据集词和 id 的映射关系

```
# 此处若相对路径报错，则使用绝对路径
path = r'.\data\imdb_word_index.json'
word_index = imdb.get_word_index(path)
word_index
```

构造 id 和 word 的映射表如代码 3-15 所示。其中 PAD 表示短句子补长的标识符，UNK 表示词表中未出现过的词，最后将训练集和测试集词的整数列表中所有原始数据的数值加 1。

代码 3-15　构造 id 和 word 的映射表

```
word2id = {k:(v+1) for k, v in word_index.items()}
word2id['<PAD>'] = 0
word2id['<UNK>'] = 1

id2word = {v:k for k, v in word2id.items()}

def get_words(sent_ids):
    return ' '.join([id2word.get(i+1, '<UNK>') for i in sent_ids])
sent = get_words(train_x[0])
print(sent)

train_text = np.array([[i+1 for i in text] for text in train_x])
test_text = np.array([[i+1 for i in text] for text in test_x])
```

句子填充函数 tf.keras.preprocessing.sequence.pad_sequences 的参数如表 3-8 所示。

表 3-8　句子填充函数的参数

参数名称	说明
padding	接收 str 类型的值、pre 或 post。表示在何处补 0，在序列的起始处填充用 pre，在结尾处填充用 post。默认为 pre
truncating	接收 str 类型的值、pre 或 post，表示在何处截断序列。默认为 pre
value	接收 float 类型的值，表示填充值。无默认值

将句子截断后填充，如代码 3-16 所示。

代码 3-16　将句子截断后填充

```
a = [[1, 2, 3], [4, 5, 6, 7]]
bs_packed = tf.keras.preprocessing.sequence.pad_sequences(
        a, maxlen=4, padding='post', truncating='post', value = 0)
print(bs_packed)

# 在句子结尾处填充
train_data = tf.keras.preprocessing.sequence.pad_sequences(
    train_text, value=word2id['<PAD>'],
    padding='post', truncating='post', maxlen=256
)
test_data = tf.keras.preprocessing.sequence.pad_sequences(
    test_text, value=word2id['<PAD>'],
    padding='post', truncating='post', maxlen=256
)
```

构建一个简单 RNN，包含一个 Embedding 层、一个 SimpleRNN 层和一个 Dense 层，如代码 3-17 所示。

代码 3-17　构建简单 RNN

```
# 定义词典大小
vocab_size = len(word2id)
# 定义最大长度
maxlen = 256

def rnn_model():
    model = tf.keras.Sequential([
        tf.keras.layers.Embedding(input_dim=vocab_size,
                                  output_dim=200,
                                  input_length=maxlen),
        tf.keras.layers.SimpleRNN(64, return_sequences=False),
        tf.keras.layers.Dense(1, activation='sigmoid')
    ])
    model.compile(optimizer=tf.keras.optimizers.Adam(),
                  loss=tf.keras.losses.BinaryCrossentropy(),
                  metrics=['accuracy'])
    return model
rnn_model = rnn_model()
```

训练构建的简单 RNN，如代码 3-18 所示。

代码 3-18 训练简单 RNN

```
history1 = rnn_model.fit(train_data,
                         train_y,
                         batch_size=64,
                         epochs=5,
                         validation_split=0.2
                         )
```

代码 3-18 的输出结果如下。

```
Epoch 1/5
313/313 [==============================] - 137s 437ms/step - loss: 0.6653 -
accuracy: 0.6244 - val_loss: 0.9693 - val_accuracy: 6.0000e-04
Epoch 2/5
313/313 [==============================] - 137s 439ms/step - loss: 0.5680 -
accuracy: 0.6941 - val_loss: 1.0242 - val_accuracy: 0.1196
Epoch 3/5
313/313 [==============================] - 133s 425ms/step - loss: 0.4714 -
accuracy: 0.7398 - val_loss: 1.0728 - val_accuracy: 0.1400
Epoch 4/5
313/313 [==============================] - 129s 413ms/step - loss: 0.4535 -
accuracy: 0.7456 - val_loss: 1.0004 - val_accuracy: 0.1520
Epoch 5/5
313/313 [==============================] - 136s 435ms/step - loss: 0.4621 -
accuracy: 0.7426 - val_loss: 1.2058 - val_accuracy: 0.1482
```

将测试集放入训练好的网络中查看准确率，如代码 3-19 所示。

代码 3-19 查看简单 RNN 的准确率

```
rnn_model.evaluate(test_data, test_y, batch_size=64, verbose=2)
```

model.evaluate 方法返回的是准确率和损失值，代码 3-19 的输出结果如下。

```
[0.9231706261634827, 0.5016400218009949]
```

由代码 3-19 的输出结果可知，四舍五入取小数点后两位数，代码 3-17 构建的简单 RNN 准确率为 0.92，损失值为 0.51。

除了经典的 RNN 之外，还可以用别的 RNN 的变种去训练，构建时只要基本 3 层网络层结构不变即可。如代码 3-20 和代码 3-21 所示，LSTM 和 GRU 网络都包含一个 Embedding 层、一个指定循环层、一个 Dense 层。

代码 3-20 LSTM 网络

```
def lstm_model():
    model = tf.keras.Sequential([
        tf.keras.layers.Embedding(input_dim=vocab_size,
                                  output_dim=200,
                                  input_length=maxlen),
        tf.keras.layers.LSTM(64, return_sequences=False),
        tf.keras.layers.Dense(1, activation='sigmoid')
    ])
```

```
    model.compile(optimizer=tf.keras.optimizers.Adam(),
                  loss=tf.keras.losses.BinaryCrossentropy(),
                  metrics=['accuracy'])
    return model
lstm_model = lstm_model()
lstm_model.summary()
```

LSTM 网络的评估结果如下。

```
391/391 - 13s - loss: 0.5923 - accuracy: 0.7888
Out[3]: [0.5923316478729248, 0.7887600064277649]
```

代码 3-21　GRU 网络

```
def gru_model():
    model = tf.keras.Sequential([
        tf.keras.layers.Embedding(input_dim=vocab_size,
                                  output_dim=200,
                                  input_length=maxlen),
        tf.keras.layers.GRU(64, return_sequences=False),
        tf.keras.layers.Dense(1, activation='sigmoid')
    ])
    model.compile(optimizer=tf.keras.optimizers.Adam(),
                  loss=tf.keras.losses.BinaryCrossentropy(),
                  metrics=['accuracy'])
    return model
gru_model = gru_model()
gru_model.summary()
```

GRU 网络的评估结果如下。

```
391/391 - 18s - loss: 0.7206 - accuracy: 0.5156
Out[2]: [0.7206040620803833, 0.51555997133255]
```

3.3　生成对抗网络

生成对抗网络（Generative Adversarial Network，GAN）是一种深度学习网络，是近年来提出的复杂分布上的无监督学习的方法之一。网络通过框架中的生成器（generative）和判别器（discriminative）的互相博弈产生输出。在经典的 GAN 理论中，并不要求生成器和判别器都是神经网络，只要求它们能够拟合对应的生成和判别函数即可，但在实际运用中通常使用深度神经网络作为生成器和判别器。

3.3.1　常用生成对抗网络算法及其结构

本小节首先介绍经典 GAN 的算法及其结构，然后介绍在图像处理方面比较常用的深度卷积生成对抗网络（Deep Convolutional GAN，DCGAN）、条件生成对抗网络（Conditional GAN，CGAN）和循环生成对抗网络（CycleGAN）。

1. 经典 GAN

经典 GAN 的目的是使生成的假图片无法被判定成假图片。以生成假小狗图片为例，需要一个生成假小狗图片的网络，称之为生成器，还有一个判别小狗图片真假的网络，称之为判别器，如图 3-30 所示。

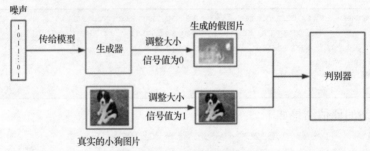

图 3-30　生成假小狗图片

首先输入网络中真实的小狗图片，经过网络可以训练出一个判别器，能对真假样本做出判断。在判别器的基础上，对网络进行训练可以得到一个生成器，然后将生成器生成的小狗图片交给判别器来判别真伪，如果判别器判别该图片为假小狗图片，则让生成器吸取教训继续训练。直到判别器无法判别生成器生成的是假小狗图片且给出"真"小狗图片的判断。最后输出实际为"假"、判断为"真"的图片，达到以假乱真的效果。

2．DCGAN

DCGAN 是 GAN 的变种，其主要的改进内容为网络结构，极大地提升了训练的稳定性以及生成结果的质量。DCGAN 使用两个 CNN 构建生成器和判别器，其中生成器如图 3-31 所示。

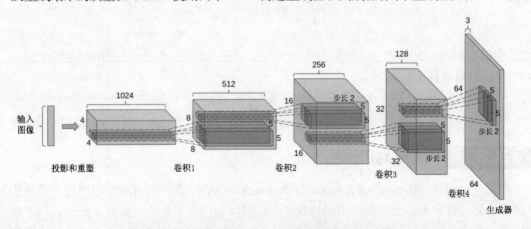

图 3-31　DCGAN 的生成器

同时 DCGAN 对原始的 CNN 的结构做出了一些改变，以提高收敛的速度，具体改变如下。

（1）取消所有池化层。生成器中使用转置卷积进行上采样，判别器中用加入步长的卷积代替池化层。

（2）在生成器和判别器中均使用批归一化。神经网络中的每一层都会使得该层输出数据的分布发生变化。随着层数的增加，网络的整体偏差会越来越大。批归一化可以解决这一问题，通过对每一层的输入都进行归一化的处理，使得数据服从某个固定的分布。

（3）去掉全连接层。全连接层的缺点在于参数过多，当神经网络层数多了后运算速度将变得非常慢，此外全连接层会使网络变得容易过拟合。

（4）生成器和判别器使用不同的激活函数。生成器的输出层使用 ReLU 激活函数，判别器的输出层使用 tanh 激活函数。判别器中对除输出层外的所有层均使用 LeakyReLU 激活函数。

3. CGAN

CGAN 是在 GAN 的基础上进行改进的，其改进的目标是使得网络能够指定具体生成的数据。通过对经典的 GAN 的生成器和判别器添加额外的条件信息，实现 CGAN。最常见的额外信息为类别标签或者是其他的辅助信息。

CGAN 的核心就是将条件信息加入生成器和判别器中。

（1）经典的 GAN 的生成器的输入信息是固定长度的噪声信息，CGAN 中则将噪声信息 z 与标签信息 y 组合起来作为输入，标签信息一般由独热编码构成，如图 3-32 所示。

（2）经典的 GAN 的判别器的输入是图像数据（真实的训练样本和生成器生成的数据），CGAN 中则是将类别标签和图像数据组合起来作为输入，如图 3-33 所示。

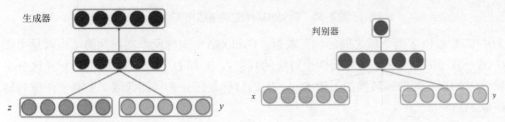

图 3-32　将噪声信息与标签信息组合起来作为输入　图 3-33　将类别标签和图像数据组合起来作为输入

4. CycleGAN

CycleGAN 是朱俊彦（Jun-Yan Zhu）等人于 2017 年 3 月提出的。该网络的作用是将一类图像转换成另一类图像。假设有 X 和 Y 两个图像域（如马和斑马），CycleGAN 能够将图像域 X 的图像（马）转换为图像域 Y 的图像（斑马），或者是将图像域 Y 的图像（斑马）转换为图像域 X 的图像（马），如图 3-34 所示。

图 3-34　图像域 X 和 Y 的图像转换

CycleGAN 的网络结构如图 3-35 所示。

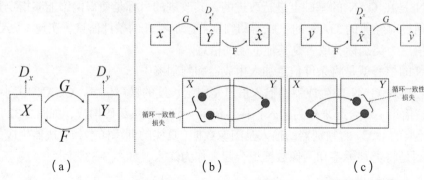

图 3-35　CycleGAN 的网络结构

为了实现 X 和 Y 两个域之间的相互映射，CycleGAN 包含两个映射网络（也就是生成器）G（$X{\rightarrow}Y$）和 F（$Y{\rightarrow}X$），以及两个对应的判别器 D_x 和 D_y。判别器 D_x 的目标是区分来自图像域 X 的真实图像和转换的图像 $F(y)$，D_y 的目标是区分来自图像域 Y 的真实图像和转换的图像 $F(x)$。

3.3.2　基于生成对抗网络的动漫人脸生成实例

本小节使用 TensorFlow 构造 DCGAN 并进行训练，以生成可以以假乱真的动漫人脸图片。在训练 DCGAN 的时候，先冻结生成器，使用部分真实动漫人脸图片和生成器输出的假样本来训练判别器，尽可能区分两类样本。然后冻结判别器，将生成器构造的图片输入判别器，训练生成器使得判别器的输出逐渐接近 1，即生成的图片越来越逼真，直到最后"骗过"判别器。这样训练完成后的生成器产生的图片便与真实的动漫人脸图片基本一致了。

首先需要导入数据集，如代码 3-22 所示。

代码 3-22　导入数据集

```
import os
import numpy as np
import tensorflow as tf
from tensorflow import keras
from tensorflow.keras import layers
import glob
from PIL import Image

# 导入数据
PATH = '../data/ktFaces/'
X_train = tf.data.Dataset.list_files(PATH+'*.jpg')
img_path = glob.glob('../data/ktFaces/*.jpg')
print('images num:', len(img_path))

def load(image_file):
    image = tf.io.read_file(image_file)
    image = tf.image.decode_jpeg(image)
    image = tf.cast(image, tf.float32)
    image = tf.image.resize(image, [image_size, image_size])
    image = (image - 127.5) / 127.5
```

```
       return image
dataset = X_train.map(
    load,num_parallel_calls=tf.data.experimental.AUTOTUNE).cache().shuffle(
    SHUFFLE_SIZE).batch(batch_size).repeat(100)
```

　　然后构建 DCGAN 的生成器，包括 4 组批归一化、激活函数和二维转置卷积，其中激活函数采用 ReLU 函数，如代码 3-23 所示。

代码 3-23　构建 DCGAN 的生成器

```
class Generator(tf.keras.Model):
    def __init__(self):
        super(Generator, self).__init__()
        filter = 64
        # 转置卷积层 1，输出通道为 filter*8，核大小为 4，步长为 1，不使用填充，不使用偏置
        self.conv1 = layers.Conv2DTranspose(
                filter * 8, 4, 1, 'valid', use_bias=False)
        self.bn1 = layers.BatchNormalization()
        # 转置卷积层 2
        self.conv2 = layers.Conv2DTranspose(
                filter * 4, 4, 2, 'same', use_bias=False)
        self.bn2 = layers.BatchNormalization()
        # 转置卷积层 3
        self.conv3 = layers.Conv2DTranspose(
                filter * 2, 4, 2, 'same', use_bias=False)
        self.bn3 = layers.BatchNormalization()
        # 转置卷积层 4
        self.conv4 = layers.Conv2DTranspose(
                filter * 1, 4, 2, 'same', use_bias=False)
        self.bn4 = layers.BatchNormalization()
        # 转置卷积层 5
        self.conv5 = layers.Conv2DTranspose(
                3, 4, 2, 'same', use_bias=False)

    def call(self, inputs, training=None):
        # [z, 100]
        x = inputs
        # 重塑成 4D 张量，方便后续转置卷积运算：(b,1,1,100)
        x = tf.reshape(x, (x.shape[0], 1, 1, x.shape[1]))
        x = tf.nn.relu(x)  # 激活函数
        # 转置卷积-BN-激活函数：(b,4,4,512)
        x = tf.nn.relu(self.bn1(self.conv1(x), training=training))
        # 转置卷积-BN-激活函数：(b,8,8,256)
        x = tf.nn.relu(self.bn2(self.conv2(x), training=training))
        # 转置卷积-BN-激活函数：(b,16,16,128)
        x = tf.nn.relu(self.bn3(self.conv3(x), training=training))
        # 转置卷积-BN-激活函数：(b,32,32,64)
        x = tf.nn.relu(self.bn4(self.conv4(x), training=training))
        # 转置卷积-激活函数：(b,64,64,3)
        x = self.conv5(x)
        # x 的范围为 0~1，与预处理一致
        x = tf.tanh(x)

        return x
```

然后构建 DCGAN 的判别器,包括 5 组批归一化、激活函数和二维转置卷积,激活函数采用 ReLU 函数,如代码 3-24 所示。

代码 3-24　构建 DCGAN 的判别器

```python
class Discriminator(tf.keras.Model):
    # 判别器
    def __init__(self):
        super(Discriminator, self).__init__()
        filter = 64
        # 卷积层
        self.conv1 = layers.Conv2D(filter, 4, 2, 'valid', use_bias=False)
        self.bn1 = layers.BatchNormalization()
        # 卷积层
        self.conv2 = layers.Conv2D(filter * 2, 4, 2, 'valid', use_bias=False)
        self.bn2 = layers.BatchNormalization()
        # 卷积层
        self.conv3 = layers.Conv2D(filter * 4, 4, 2, 'valid', use_bias=False)
        self.bn3 = layers.BatchNormalization()
        # 卷积层
        self.conv4 = layers.Conv2D(filter * 8, 3, 1, 'valid', use_bias=False)
        self.bn4 = layers.BatchNormalization()
        # 卷积层
        self.conv5 = layers.Conv2D(filter * 16, 3, 1, 'valid', use_bias= False)
        self.bn5 = layers.BatchNormalization()
        # 全局池化层
        self.pool = layers.GlobalAveragePooling2D()
        # 特征打平
        self.flatten = layers.Flatten()
        # 二分类全连接层
        self.fc = layers.Dense(1)


    def call(self, inputs, training=None):
        # 卷积-BN-激活函数: (4, 31, 31, 64)
        x = tf.nn.leaky_relu(self.bn1(self.conv1(inputs), training=training))
        # 卷积-BN-激活函数: (4, 14, 14, 128)
        x = tf.nn.leaky_relu(self.bn2(self.conv2(x), training=training))
        # 卷积-BN-激活函数: (4, 6, 6, 256)
        x = tf.nn.leaky_relu(self.bn3(self.conv3(x), training=training))
        # 卷积-BN-激活函数: (4, 4, 4, 512)
        x = tf.nn.leaky_relu(self.bn4(self.conv4(x), training=training))
        # 卷积-BN-激活函数: (4, 2, 2, 1024)
        x = tf.nn.leaky_relu(self.bn5(self.conv5(x), training=training))
        # 卷积-BN-激活函数: (4, 1024)
        x = self.pool(x)
        # 打平
        x = self.flatten(x)
        # 输出, [b, 1024] => [b, 1]
        logits = self.fc(x)

        return logits
```

编译网络,如代码 3-25 所示。需要注意的是,input_shape 参数的第一个维度可以设置为除了 None 之外的任意数值。

代码 3-25 编译网络

```
image_size = 64
SHUFFLE_SIZE = 1000
batch_size = 64
# 隐藏向量 z 的长度
z_dim = 100
img_shape = (image_size, image_size, 3)


# 构建生成器
generator = Generator()
generator.build(input_shape=(4, z_dim))
# 构建判别器
discriminator = Discriminator()
discriminator.build(input_shape=(4, 64, 64, 3))


loss_object = tf.keras.losses.BinaryCrossentropy(from_logits=True)
def g_loss_fn(d_fake_logits):
    # 计算生成图片与 1 之间的误差
    loss = tf.reduce_mean(loss_object(tf.ones_like(d_fake_logits),
                                      d_fake_logits))


    return loss


def d_loss_fn(d_real_logits, d_fake_logits):
    # 计算真实图片与 1 之间的误差
    d_loss_real = tf.reduce_mean(loss_object(tf.ones_like(d_real_logits),
                                             d_real_logits))
    # 计算生成图片与 0 之间的误差
    d_loss_fake = tf.reduce_mean(loss_object(tf.zeros_like(d_fake_logits),
                                             d_fake_logits))
    # 合并误差
    loss = d_loss_fake + d_loss_real


    return loss

# 分别为生成器和判别器创建优化器
learning_rate = 0.0002
g_optimizer = keras.optimizers.Adam(learning_rate=learning_rate, beta_1=0.5)
d_optimizer = keras.optimizers.Adam(learning_rate=learning_rate, beta_1=0.5)
```

最后训练所构建的 GAN。训练分为 4 个步骤，包括采样隐藏向量、采样生成图片、判别生成图片和判别真实图片等，如代码 3-26 所示。

代码 3-26 训练所构建的 GAN

```
def train_step(batch_x):
    # 采样隐藏向量
    batch_z = tf.random.normal([batch_size, z_dim])
    with tf.GradientTape() as gen_tape, tf.GradientTape() as disc_tape:
        # 采样生成图片
        fake_image = generator(batch_z, training=True)
```

```
            # 判别生成图片
            d_fake_logits = discriminator(fake_image, training=True)
            # 判别真实图片
            d_real_logits = discriminator(batch_x, training=True)
            d_loss = d_loss_fn(d_real_logits, d_fake_logits)
            g_loss = g_loss_fn(d_fake_logits)
        grads_d = disc_tape.gradient(d_loss, discriminator.trainable_variables)
        grads_g = gen_tape.gradient(g_loss, generator.trainable_variables)
        d_optimizer.apply_gradients(zip(grads_d, discriminator.trainable_variables))
        g_optimizer.apply_gradients(zip(grads_g, generator.trainable_variables))

        return d_loss, g_loss

def save_result(val_out, val_block_size, image_path, color_mode):
    preprocesed = ((val_out + 1.0) * 127.5).astype(np.uint8)
    final_image = np.array([])
    single_row = np.array([])
    for b in range(val_out.shape[0]):
        if single_row.size == 0:
            single_row = preprocesed[b, :, :, :]
        else:
            single_row = np.concatenate((single_row, preprocesed[b, :, :, :]),
                                        axis=1)

        if (b+1) % val_block_size == 0:
            if final_image.size == 0:
                final_image = single_row
            else:
                final_image = np.concatenate((final_image, single_row), axis=0)

            single_row = np.array([])
    Image.fromarray(final_image).save(image_path)

for n, data in dataset.enumerate():
    d_loss, g_loss = train_step(data)
    print('.', end='')
    if n % 100 == 0:
        print()
        print(n.numpy(), 'd-loss:',float(d_loss), 'g-loss:', float(g_loss))
        # 可视化
        z = tf.random.normal([100, z_dim])
        fake_image = generator(z, training=False)
        img_path = os.path.join('../tmp/gan_images', 'gan-%d.png'%n)
        save_result(fake_image.numpy(), 10, img_path, color_mode='P')
```

    如果没有 GPU 支持，训练会持续比较长的时间。在训练过程中，代码会将 GAN 每次迭代后所绘制的每张图片都保存起来。当迭代到 10 次的时候，GAN 还不具备生成高质量动漫人脸图片的能力，如图 3-36 所示；当迭代到 101 次的时候，图片的质量已经有了明显的提升，如图 3-37 所示；当迭代到 140 次的时候，可以生成以假乱真的动漫人脸图片了，如图 3-38 所示。

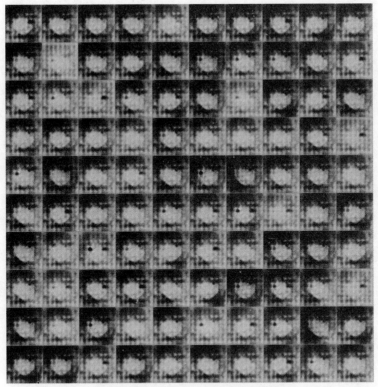

图 3-36　GAN 第 10 次迭代的结果

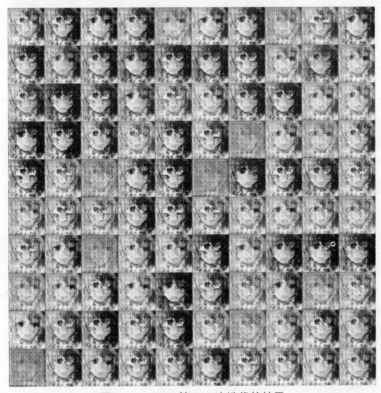

图 3-37　GAN 第 101 次迭代的结果

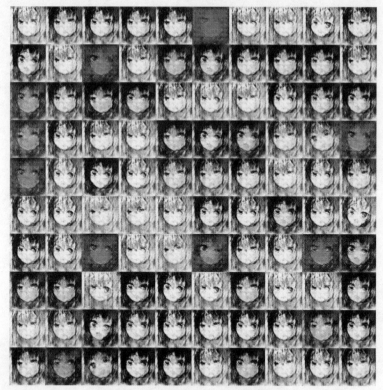

图 3-38　GAN 第 140 次迭代的结果

小结

本章主要介绍常见深度神经网络的原理以及其对应在 TensorFlow 2 中的实现方法，包括卷积神经网络、循环神经网络和生成对抗网络。首先分别介绍了各类深度学习网络的常用网络层，接着还对各类深度学习网络的常见变种进行了介绍，并分别通过一个实例演示了使用 TensorFlow 2 搭建不同类型的深度网络的方法。

实训

实训 1　基于卷积神经网络的手写数字图像识别

1. 训练要点

（1）掌握 CNN 的结构。

（2）掌握 CNN 的搭建方法。

2. 需求说明

MNIST 手写数字图像数据集是 Keras 自带的经典数据集之一。本案例对手写数字图像数据集进行训练，最后将测试集放入训练网络中查看精度。

3. 实现思路及步骤

（1）导入数据。

（2）搭建网络。

（3）定义参数。

（4）训练网络。

（5）测试网络。

实训 2　基于循环神经网络的诗词生成

1．训练要点

（1）掌握 RNN 的结构。

（2）掌握 RNN 的搭建方法。

2．需求说明

poetry.txt 是一个 40000 多行的诗词数据集。本案例对此进行训练，最后利用网络生成诗句。

3．实现思路及步骤

（1）导入数据。

（2）数据预处理。

（3）构建 Tokenizer 类。

（4）构建 PoetryDataSet 类。

（5）训练网络。

（6）测试网络

实训 3　基于生成对抗网络的手写数字图像生成

1．训练要点

（1）掌握 GAN 的结构。

（2）掌握 GAN 的搭建方法。

2．需求说明

对手写数字图像数据集进行训练，用搭建好的 GAN 训练生成手写数字图像。

3．实现思路及步骤

（1）导入数据。

（2）搭建网络。

（3）定义参数。

（4）训练网络。

（5）测试网络。

课后习题

1．选择题

（1）（　　）是通过建立人工神经网络，用层次化机制来表示客观世界，并解释所获取的知识，例如图像、声音和文本等。

  A．深度学习   B．机器学习

  C．人机交互   D．智能芯片

（2）（　　　）是用计算机对文本集按照一定的标准进行自动分类和标记。

  A. 文本识别   B. 机器翻译

  C. 文本分类   D. 问答系统

（3）以下说法错误的是（　　　）。

  A. 双向 RNN 和 LSTM 网络是常见的循环神经网络

  B. RNN 是一类用于处理序列数据的神经网络

  C. RNN 在自然语言处理（例如语音识别、语言建模、机器翻译等）领域有应用，也被用于各类时间序列预报

  D. LSTM 网络引入了一个基于 RNN 的架构后，梯度消失问题得以解决

（4）卷积神经网络中池化层的作用为（　　　）。

  A. 缩小网络，提高计算速度

  B. 权重初始化

  C. 填充数据

  D. 提取输入的不同特征

（5）以下说法错误的是（　　　）。

  A. 激活函数通常为非线性函数

  B. 交叉熵是深度学习常用的损失函数

  C. 优化器主要用来衡量网络预测结果的好坏

  D. 下采样可以使用池化来减少每层的样本数，进一步减少参数数量，提升网络的鲁棒性

2. 操作题

（1）在 3.1.2 小节的图像分类实例中，为代码 3-27 所示的网络添加一个二维卷积层。

代码 3-27　需要添加二维卷积层的网络

```
model = tf.keras.Sequential([
  tf.keras.Input(shape=(28, 28)),
  tf.keras.layers.Reshape([28, 28, 1]),
  tf.keras.layers.Conv2D(
        filters=64, kernel_size=3, padding='same', activation='relu'),
  tf.keras.layers.MaxPool2D(pool_size=2,strides=1,padding='same'),
  tf.keras.layers.Conv2D(
          filters=16, kernel_size=3, padding='same', activation='relu'),
  tf.keras.layers.MaxPool2D(pool_size=2, strides=1, padding='same'),
  tf.keras.layers.Flatten(input_shape=(28, 28)),
  tf.keras.layers.Dense(300, activation='relu'),
  tf.keras.layers.Dense(100, activation='relu'),
  tf.keras.layers.Dense(10, activation='softmax')
])
model.summary()
```

（2）在 3.2.2 小节的实例中，分别用 LSTM 网络和 GRU 网络训练一次结果。LSTM 网络和 GRU 网络如代码 3-28 所示。

代码 3-28　LSTM 网络和 GRU 网络

```
# LSTM 网络
def lstm_model():
    model = tf.keras.Sequential([
        tf.keras.layers.Embedding(input_dim=vocab_size, output_dim=200,
                                  input_length=maxlen),
        tf.keras.layers.LSTM(64, return_sequences=False),
        tf.keras.layers.Dense(1, activation='sigmoid')
    ])
    model.compile(optimizer=tf.keras.optimizers.Adam(),
                  loss=tf.keras.losses.BinaryCrossentropy(),
                  metrics=['accuracy'])
    return model
lstm_model = lstm_model()
lstm_model.summary()


# GRU 网络
def gru_model():
    model = tf.keras.Sequential([
        tf.keras.layers.Embedding(input_dim=vocab_size, output_dim=200,
                                  input_length=maxlen),
        tf.keras.layers.GRU(64, return_sequences=False),
        tf.keras.layers.Dense(1, activation='sigmoid')
    ])
    model.compile(optimizer=tf.keras.optimizers.Adam(),
                  loss=tf.keras.losses.BinaryCrossentropy(),
                  metrics=['accuracy'])
    return model
gru_model = gru_model()
gru_model.summary()
```

（3）在 3.3.2 小节的实例中，为判别器添加一个二维卷积层以及一个批归一化，如代码 3-29 所示。

代码 3-29　一个二维卷积层以及一个批归一化

```
# 卷积层
self.conv2 = layers.Conv2D(filter * 2, 4, 2, 'valid', use bias=False)
self.bn2 = layers.BatchNormalization()
```

第 4 章 基于 CNN 的门牌号识别

随着计算机技术的快速发展，自动识别现实世界中的阿拉伯数字的技术已得到广泛应用，如门牌号识别、车牌号码识别、档案检索、各类印刷品识别、邮政区域编码识别等，为人民生活带来极大便利，生活氛围越来越温馨，幸福感与获得感不断提升，实现为民造福是立党为公、执政为民的本质要求。虽然国内外学者已经对此做了大量的研究，但要识别在真实场景中拍摄的字符，目前仍然存在着极大的挑战，原因在于真实场景图像中所包含的字符存在磨损、倾斜、遮挡等情况，且易受光线强度和光照角度的影响，这些因素会导致字符信息的细节被模糊，甚至被扭曲，从而影响目标定位的精度，最终影响目标的识别率。

随着大量图像数据的产生以及深度学习在人工智能领域掀起的热潮，基于神经网络的字符识别算法已经成为当今学术界研究的热点。本章将对不同街景类型下的门牌号，提取其中的方向梯度直方图（Histogram of Oriented Gradient，HOG）特征，进行目标检测，并使用 CNN 构建门牌号识别模型。

学习目标

（1）了解门牌号识别的背景和目标。
（2）熟悉门牌号识别的步骤和流程。
（3）掌握门牌号的目标数据特征提取和目标数字检测的方法。
（4）掌握构建 CNN 的方法，用于生成门牌号识别模型。
（5）掌握训练网络和保存模型的方法。
（6）掌握评价模型性能的方法。

4.1 目标分析

在不同场景下对门牌号进行识别对于当下深度学习算法在字符识别领域的研究具有十分重要的意义，本节主要包含案例的背景、数据说明、分析目标和项目工程结构等内容。

4.1.1 了解背景

在过去的几十年中，在扫描技术不断发展的背景下，图像字符识别的问题已在世界范围内得到了广泛的研究，学术界和工业界已有效地解决了手写字符识别问题。经过多年的潜心研究，自动化系统达到的识别准确性已经可以与人类相媲美，并能够应用于现实生活中相应的项目和任务。例如，MNIST 手写数字图像数据集的识别问题已经得到比较彻底的解决，采用现成的识别算法便能够实现优秀的数字识别性能。随着计算机计算能力的飞速发展，识别和理解拍摄的自然场景中的数字这一更困难的问题受到了越来越广泛的关注。

本章将实现自然场景图像识别问题中一个存在局限性的实例：从街景图像中的门牌上读取数字。

4.1.2 数据说明

SVHN 数据集由从真实世界的街景门牌图像中提取出的门牌号图像组成，共有 10 类，分别用 0～9 的数字表示，其中数字 1～9 对应标签 1～9，而 "0" 对应的标签则为 10。训练集中的图像共有 33402 幅，测试集中的图像共有 13068 幅，且训练集与测试集中的图像没有交集。图像中的字体、颜色、样式、方向不一，主要是受到光照、阴影、镜像、遮挡等环境因素的影响。同时，由于图像本身的分辨率低、焦点模糊、拍摄时抖动等原因，导致准确识别图像中的数字的难度很大，因此使用该数据集更能够全面地考查本章所使用的识别模型的性能。该数据集中的部分样本如图 4-1 所示。

其中，训练集和测试集分别对应一个数据集，该数据集为带有边界框的、原始分辨率可变的彩色门牌号图像，部分样本如图 4-2 所示。

图 4-1　SVHN 数据集中的部分样本　　图 4-2　带有边界框的 SVHN 数据集中的部分样本

在图 4-2 中，矩形边界框仅用于说明目标数据，边界框信息存储在 digitStruct.mat 数据集中，而不是直接绘制在数据集中的图像上。每个 tar.gz 文件都包含 PNG 格式的原始图像，以及一个 digitStruct.mat 数据集，可以使用 Python 进行加载。digitStruct.mat 数据集中包含一个名为 digitStruct 的数据集，其长度与原始图像的数量相同。digitStruct.mat 数据集中的每个元素都有以下字段。

（1）name：name 是一个字符串，其中包含相应图像的文件名。

（2）bbox：bbox 是一个结构数组，包含图像中每个数字边界框的位置、大小和标签等。

例如，digitStruct(300).bbox(2).height 表示第 300 幅图像中第 2 个数字边界框的高度。

4.1.3 分析目标

运用 SVHN 数据集，可以实现以下目标。

（1）提取 SVHN 数据集的 HOG 特征。

（2）基于 HOG 特征数据构建卷积神经网络模型，对门牌号进行识别。

门牌号识别的总体流程如图 4-3 所示，主要包括以下 5 个步骤。

（1）读取 SVHN 数据集。

（2）提取数据集中的目标数据与背景数据；提取数据的 HOG 特征，并使用支持向量机（Support Vector Machine，SVM）分类器查看提取的特征是否为数字。

（3）构建卷积神经网络，设置网络的激活函数和分类器等。

（4）训练网络并保存模型。

（5）对模型的性能进行评估，并读取保存的模型对门牌号进行识别。

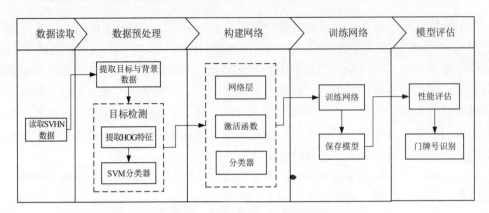

图 4-3　门牌号识别的总体流程

4.1.4　项目工程结构

本案例基于 TensorFlow 2.2.0 环境运行。本案例的目录包含 3 个文件夹，分别是 code、data 以及 tmp，如图 4-4 所示。

code 文件夹中包含本案例的全部代码。code 文件夹如图 4-5 所示，其中"数据获取.ipynb"文件用于对 SVHN 数据集进行预处理，包括目标数据的获取和背景数据的获取；"HOG+SVM 特征提取.ipynb"文件用于 HOG 特征提取以及背景窗口和目标窗口的识别；"卷积神经网络.ipynb"文件用于搭建 CNN 模型实现对图像中数字的识别，并进行识别度检验；"门牌数字识别.ipynb"为门牌号识别案例的应用，基于已搭建的 CNN 模型和提取的 HOG 特征，实现对自然场景图像中数字的识别。

data 文件夹包含全部的图像数据。data 文件夹的结构如图 4-6 所示。训练用的数据存储在 train 文件夹中，包括存储边界框信息的 digitStruct.mat 数据集；测试用的数据存储在 test 文件夹中，包括存储边界框信息的 digitStruct.mat 数据集；自然场景图像识别应用的数据存储在 target_test 文件夹中。

tmp 文件夹中包含程序运行过程中产生的全部中间文件。tmp 文件夹的结构如图 4-7 所示，包括预处理后的数据、提的目标窗口数据以及训练的 CNN 模型和 HOG+SVM 模型。label0 文件夹存放背景数据，label1 文件夹存放目标数据，not_label 文件夹存放抹除目标数据的原始图像数据，target 文件夹中存放提取的目标窗口文件数据，HOG_svm.dat 和 model_mp.h5 文件为训练后保存的模型。

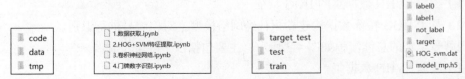

图 4-4　本案例的目录　　图 4-5　code 文件夹　　图 4-6　data 文件夹的结构　　图 4-7　tmp 文件夹的结构

4.2 数据预处理

原始数据中的图像信息和边界框信息存储于不同形式的数据集中，无法直接对其进行建模分析，需要进行一定的预处理。其中，预处理主要包括数据获取、HOG 特征提取和目标检测 3 个步骤。

4.2.1 获取目标与背景数据

构建网络之前，需要获取目标数据和背景数据。目标数据可通过预先人工标记的边框信息获取，而背景数据则可通过滑动窗口获取的一系列固定尺寸的图像得到。获取背景数据之前，需要先抹除原始图像上的目标数据，以保证获取的背景数据中不包含目标数据。获取目标数据和背景数据如代码 4-1 所示。

代码 4-1 获取目标数据和背景数据

```
import h5py
import cv2
import matplotlib.pyplot as plt
from tqdm import tqdm
import numpy as np
import os
import cv2 as cv

data = h5py.File('../data/train/digitStruct.mat','r')
data = data['digitStruct']

names = data['name']
bbox = data['bbox']

t = 0
for i in range(len(names)):
    if t <= 5000:
        try:
            name = ''.join([chr(v[0]) for v in data[(names[i][0])]])
            img = cv2.imread('../data/train/'+name)
            img_tmp = img.copy()
            name = name.split('.')[0]
            try:
                for j in range(data[bbox[i][0]]['label'].shape[0]):
                    label = int(data[data[bbox[i][0]]['label'][j][0]][0][0])
                    left = int(data[data[bbox[i][0]]['left'][j][0]][0][0])
                    top = int(data[data[bbox[i][0]]['top'][j][0]][0][0])
                    width = int(data[data[bbox[i][0]]['width'][j][0]][0][0])
                    height = int(data[data[bbox[i][0]]['height'][j][0]][0][0])
                    img1 = img[top: (top + height), left: (left + width), :]
                    img1 = cv2.resize(img1, (16, 32), interpolation=cv2.INTER_AREA)
                    if label != 1:
                        cv2.imwrite('../tmp/label1/' + str(name) + '_' +
str(j) + '_' + str(label) + '.png', img1)
                        img_tmp[top: (top + height), left: (left + width), :]
```

```
                                 = np. mean (img)
                    img_tmp = cv2.resize(img_tmp, (128, 64), interpolation=cv2.
INTER_AREA)
                    cv2.imwrite('../tmp/not_label/' + str(name) + '.png', img_tmp)
                    h, w = img_tmp.shape[: 2]
                    height = 32
                    width = 16
                    # 窗口滑动的步长为(4, 8)
                    for row in range(int(height / 2), h - int(height / 2), 8):
                        for col in range(int(width / 2), w - int(width / 2), 4):
                            win_roi = img_tmp[row - int(height / 2): row + int
                            (height / 2), col - int(width / 2): col + int (width / 2)]
                            cv2.imwrite('../tmp/label0/' + str(name) + '_' +
                                    str(row) + '_' + str(col) + '.png', win_roi)
        except:
            label = data[bbox[i][0]]['label'][0][0]
            label = int(label)
            left = data[bbox[i][0]]['left'][0][0]
            left = int(left)
            top = data[bbox[i][0]]['top'][0][0]
            top = int(top)
            width = data[bbox[i][0]]['width'][0][0]
            width = int(width)
            height = data[bbox[i][0]]['height'][0][0]
            height = int(height)
            img1 = img[top: (top + height), left: (left + width), :]
            img1 = cv2.resize(img1, (16, 32), interpolation=cv2.INTER_AREA)
            if label != 1:
                cv2.imwrite('../tmp/label1/' + str(name) + '_' + str(0) +
                            '_' + str(label) + '.png', img1)
            img_tmp[top: (top + height), left: (left + width), :] = np.mean
(img)
            img_tmp = cv2.resize(img_tmp, (128, 64), interpolation=cv2.
INTER_AREA)
            cv2.imwrite('../tmp/not_label/' + str(name) + '.png', img_tmp)
            h, w = img_tmp.shape[: 2]
            height = 32
            width = 16
            # 窗口滑动的步长为(4, 8)
            for row in range(int(height / 2), h - int(height / 2), 8):
                for col in range(int(width / 2), w - int(width / 2), 4):
                    win_roi = img_tmp[row - int(height / 2): row + int
                    (height / 2), col - int(width / 2): col + int (width / 2)]
                    cv2.imwrite('../tmp/label0/' + str(name) + '_' + str (row) +
                        '_' + str(col) + '.png', win_roi)
    except:
        pass
    t += 1
    print(t, end=' ')
```

提取的目标数据保存在 tmp 文件夹下的 label1 文件夹中，其中部分数据如图 4-8 所示。

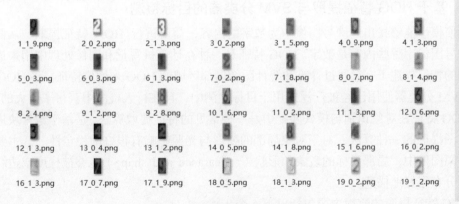

图 4-8　目标数据中的部分数据

提取的背景数据保存在 tmp 文件夹下的 label0 文件夹中，其中部分数据如图 4-9 所示。

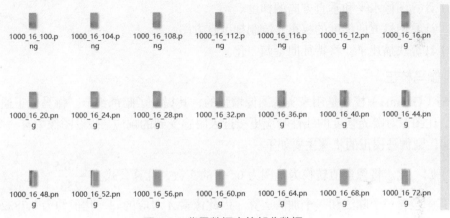

图 4-9　背景数据中的部分数据

需要抹除的原始图像上的目标数据保存在 tmp 文件夹下的 not_label 文件夹中，其中部分数据如图 4-10 所示。

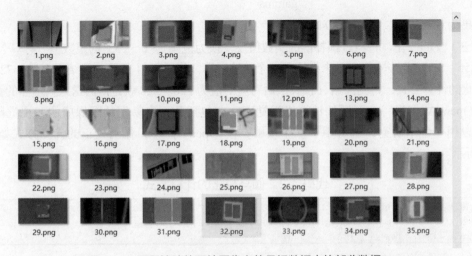

图 4-10　需要抹除的原始图像上的目标数据中的部分数据

4.2.2　基于 HOG 特征提取与 SVM 分类器的目标检测

为使模型能够找出门牌号图像中为数字的内容，需要进行 HOG 特征提取，从而辨识出门牌号图像中哪些内容是数字。HOG 特征是一种在计算机视觉和图像处理中用来进行物体检测的特征描述子。它通过计算和统计图像局部区域的 HOG 来构成特征。将 HOG 特征结合 SVM 分类器使用已经被广泛应用于目标检测中，且在行人检测中获得了极大的成功。

HOG 特征在对象识别与模式匹配中是一种常见的特征提取算法，是基于像素块进行特征直方图提取的一种算法，对于对象局部的变形与光照影响有很好的稳定性。其主要思想是在一幅图像中，局部目标的表象和形状（appearance and shape）能够被梯度或边缘的方向密度分布很好地描述。

HOG 特征提取的流程主要包括以下 5 个步骤。

（1）采用伽马校正法对图像的 RGB 颜色空间进行标准化。

（2）采用灰度化法实现图像彩色向灰色的转换。

（3）计算图像水平和垂直方向的梯度。

（4）计算网格方向梯度的权重并绘制梯度直方图。

（5）计算块描述子，将特征向量归一化。

1. 伽马校正

伽马（Gamma）校正是用来实现图像增强的，其提升了暗部细节。伽马校正通过非线性变换，让图像对曝光强度的线性响应更接近人眼感受到的响应。假设图像中有一个像素，值是 200，则伽马校正的步骤主要如下。

（1）归一化。将像素值转换为范围为 0~1 的实数，计算公式为 $\frac{i+0.5}{256}$，式中 i 表示像素值。其中包含一个除法和一个加法运算。因此像素 A 对应的归一化值约为 0.783203。

（2）预补偿。求出像素归一化后的数据以 $\frac{1}{gamma}$ 为指数获得对应值，这一步包含一个指数运算。若 gamma 值为 2.2，则 $\frac{1}{gamma}$ 约为 0.454545，对归一化后的像素 A 进行预补偿的结果为 $0.783203^{0.454545} \approx 0.894872$。

（3）反归一化。将经过预补偿的实数值反变换为范围为 0~255 的整数值。计算公式为 $f \times 256 - 0.5$，此步骤包含一个乘法和一个减法运算。将像素 A 的预补偿结果 0.894872 代入归一化的计算公式，得到像素 A 预补偿后对应的值为 228。228 就是最后送入显示器的数据。

OpenCV 作为一个开源的计算机视觉库，它包括几百个易用的图像成像和视觉函数，既可以用于学术研究，也可用于工业领域。在 OpenCV 中，伽马校正的计算方式如代码 4-2 所示。

代码 4-2　伽马校正的计算方式

```
gamma_table = [np.power(x / 255.0, gamma) * 255.0 for x in range(256)]
gamma_table = np.round(np.array(gamma_table)).astype(np.uint8)
cv2.LUT(img, gamma_table)
```

伽马校正前后的图片对比如图 4-11 所示。

图 4-11　伽马校正前后的图片对比

2. 灰度化

灰度图像上每个像素的颜色值又称为灰度，指黑白图像中点的颜色深度，范围一般为 0～255，白色为 255，黑色为 0。所谓灰度值是指色彩的浓淡程度，灰度直方图是指一幅数字图像中，对应每一个灰度值统计出具有该灰度值的像素数。

在一幅模糊的图像中物体的轮廓不明显，轮廓边缘灰度变化不强烈，从而导致层次感不强，而在清晰的图像中物体的轮廓明显，轮廓边缘灰度变化强烈，层次感强。因此图像灰度化处理可以作为图像处理的预处理步骤，为之后的图像分割、图像识别和图像分析等操作做准备。

在 OpenCV 中，灰度值的计算方式如代码 4-3 所示。

代码 4-3　灰度值的计算方式

```
gray = cv.cvtColor(image, cv.COLOR_BGR2GRAY)
```

3. 图像梯度计算

为了衡量图像的灰度变化率，还需要计算图像的梯度，梯度的计算分为水平和垂直两个方向。使用 Sobel 函数可以算出水平和垂直方向的梯度，如代码 4-4 所示。

代码 4-4　计算水平和垂直方向的梯度

```
gx = cv2.Sobel(img, cv2.CV_32F, 1, 0, ksize=1)
gy = cv2.Sobel(img, cv2.CV_32F, 0, 1, ksize=1)
```

利用公式求梯度幅值和方向的过程如下。

梯度幅值的计算公式如式（4-1）所示。

$$g = \sqrt{g_x^2 + g_y^2} \tag{4-1}$$

梯度方向的计算公式如式（4-2）所示。

$$\theta = \arctan \frac{g_y}{g_x} \tag{4-2}$$

在式（4-1）和式（4-2）中，g_x 和 g_y 为计算图像水平和垂直方向的梯度中的变量。

在 OpenCV 中，梯度幅值（mag）和方向（angle）的计算方式如代码 4-5 所示。

代码 4-5　梯度幅值和方向的计算方式

```
mag, angle = cv2.cartToPolar(gx, gy, angleInDegrees=True)
```

4．网格方向梯度权重的直方图统计

首先将图像划分成若干个块（block），每个块又由若干个细胞单元（cell）组成，细胞单元由更小的单位像素（pixel）组成，然后在每个细胞单元中对内部所有像素的梯度方向进行统计。

HOG 默认描述子窗口大小为 64×128，窗口的移动步长为 8×8。每个窗口的细胞单元大小为 8×8，如图 4-12 所示。每个块由 4 个细胞单元组成，如图 4-13 所示，块的起步位置占据 16×16 的大小，块的移动步长为一个细胞单元，从左到右滑动 7 次即可滑到描述子窗口的最右边，从上往下移动共 15 次即可移动到描述子窗口的最下边，因此整个描述子窗口共有(8-1)×(16-1)个块，即 7×15 个块。

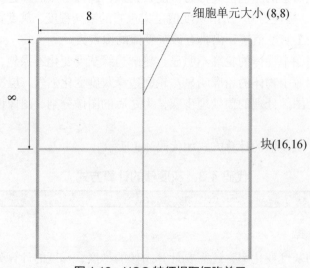

图 4-12　HOG 特征提取细胞单元

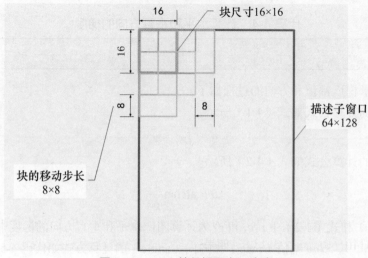

图 4-13　HOG 特征提取窗口移动

通过计算得到的像素的梯度值和方向值如图 4-14 所示。

2	3	4	4	3	4	2	2
5	11	17	13	7	9	3	4
11	21	23	27	22	17	4	6
23	99	165	135	85	32	26	2
91	155	133	136	144	152	57	28
98	196	76	38	26	60	170	51
165	60	60	27	77	85	43	136
71	13	34	23	108	27	48	110

梯度值

80	36	5	10	0	64	90	73
37	9	9	179	78	27	169	166
87	136	173	39	102	163	152	176
76	13	1	168	159	22	125	143
120	70	14	150	145	144	145	143
58	86	119	98	100	101	133	113
30	65	157	75	78	165	145	124
11	170	91	4	110	17	133	110

方向值

图 4-14　通过计算得到的像素的梯度值和方向值

下一步是创建一个 8×8 的细胞梯度直方图。直方图包含 9 个箱子，对应范围为 0,20,40,…,180。通过梯度直方图统计每个细胞单元内的梯度值。梯度直方图的计算过程如图 4-15 所示。

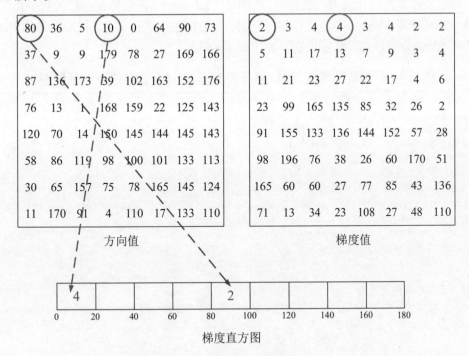

图 4-15　梯度直方图的计算过程

图 4-15 中的梯度直方图把 180° 分为 9 个区间(0,1,2,…,8)，每个区间为 20°，分别代表 [0−20),[20−40),[40−60),…,[160−180]，如果像素落在某个区间，就把该像素的直方图累积到对应区间的直方图上，如图 4-16 所示。

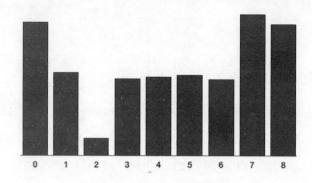

图 4-16   梯度直方图统计

在图 4-13 中，每个块有 4 个细胞单元，每个细胞单元对应一个特征向量，具有 9 个特征值，即每个块有 36 个特征值，所以整个窗口有 7×15×36 = 3780 个特征描述子。特征描述子会从图像中提取有用的信息，剔除无关信息。特征描述子可以从一张宽度×高度×3(通道数)大小的图像中提取出长度为 n 的特征向量或特征矩阵。

5. 块描述子和特征向量归一化

前面已经讲到每个块有 4 个细胞单元，每个细胞单元有 9 个特征值，需要再次进行归一化，以进一步提高泛化能力。选择 L2 正则化（L2-norm）进行特征向量的归一化。

最后还需使用 SVM 分类器进行特征识别，对目标数字进行定位。提取图像的 HOG 特征并使用 SVM 分类器进行特征识别，如代码 4-6 所示。

代码 4-6   提取图像的 HOG 特征并使用 SVM 分类器进行特征识别

```
winSize = (16, 8)  # 窗口大小
blockSize = (8, 4) #块大小
blockStride = (4, 2)  # 块的移动步长
cellSize = (4, 2)  # 细胞单元大小
nbins = 9 # 梯度方向数
# 把目标图像放在16×32的灰度图像中间，方便计算特征描述子
def get_hog_descriptor(image):
    hog = cv.HOGDescriptor(winSize, blockSize, blockStride, cellSize, nbins)
    gray = cv.cvtColor(image, cv.COLOR_BGR2GRAY)
    descriptors = hog.compute(gray, winStride=(8, 4), padding=(0, 0))
    return descriptors


# 获取训练集和测试集图像
def get_data(train_data, labels, path, lableType, T):
    t = 0
    for file_name in os.listdir(path):
        if t < T:
            try:
                img_dir = os.path.join(path, file_name)
                img = cv.imread(img_dir)
                hog_desc = get_hog_descriptor(img)
                one_fv = np.zeros([len(hog_desc)], dtype=np.float32)
                for i in range(len(hog_desc)):
```

```
                    one_fv[i] = hog_desc[i]
                train_data.append(one_fv)
                labels.append(lableType)
                t += 1
                print(t, end=' ')
            except:
                pass
    return train_data, labels


# 将图像数据转化为 NumPy 格式
def get_dataset(pdir, ndir):
    train_data = []
    labels = []
    # 获取正样本
    train_data, labels = get_data(train_data, labels, pdir, lableType=1, T= 1000)
    # 获取负样本
    train_data, labels = get_data(train_data, labels, ndir, lableType=-1, T= 20000)
    return np.array(train_data, dtype=np.float32), np.array(labels, dtype= np.int32)

train_data, labels = get_dataset('../tmp/label1/', '../tmp/label0/')

# 构建 HOG+SVM 模型，训练并保存模型
def HOG_svm(train_data, labels, names):
    # 创建 SVM
    svm = cv.ml.SVM_create()
    # 设置相应的 SVM 参数
    svm.setKernel(cv.ml.SVM_LINEAR)
    svm.setType(cv.ml.SVM_C_SVC)
    svm.setC(2.67)
    svm.setGamma(5.383)
    # 获取正、负样本和标签
    responses = np.reshape(labels, [-1, 1])
    # 训练
    svm.train(train_data, cv.ml.ROW_SAMPLE, responses)
    svm.save(names)

HOG_svm(train_data, labels, names='../tmp/HOG_svm.dat')
```

4.3　构建网络

　　本节主要介绍构建卷积神经网络。卷积神经网络是人工神经网络的一种，其模型受启发于人的视觉系统结构，类似于生物神经网络，它使图像可以直接作为网络的输入，避免了烦琐的前期处理工作，是一种端到端的网络模型。卷积神经网络将特征提取和分类相结合，并在识别图像时具有位移、尺寸不变性。基于此特性，卷积神经网络现已在语音识别、图像识别、自然语言处理等多方面得到了广泛的应用。

　　卷积神经网络是多层神经网络。就网络层数而言，深层网络需要使用大量的样本进行训练，使用现有样本无法使其训练充分。另外，其结构的复杂性不仅对训练时间有影响，而且对硬件设备要求极高。相反，浅层网络容易训练，但是其提取的特征不具有可分性和

鲁棒性，无法达到较高的识别率。为了增加网络的通用性和实用性，在提高网络识别性能的同时，应避免过度增加网络，增大网络结构的复杂度。

本案例选用的卷积神经网络结构示意图如图 4-17 所示。其中卷积层、池化层、Flatten层和全连接层是卷积神经网络的核心模块。

图 4-17　卷积神经网络结构示意图

4.3.1　读取训练集与测试集

读取用于训练卷积神经网络的数字图像训练集和数字图像测试集，如代码 4-7 所示。

代码 4-7　读取训练集与测试集

```python
import numpy as np
import pandas as pd
import matplotlib.pyplot as plt
import tensorflow as tf
import os
import cv2

def get_data(train_data, labels, path, T):
    t = 0
    for file_name in os.listdir(path):
        if t < T:
            img = cv2.imread(path + file_name)
            # gray = cv2.cvtColor(img, cv2.COLOR_BGR2GRAY)
            labelType = int(file_name[-5])
            train_data.append(img)
            labels.append(labelType)
            t += 1
    return train_data, labels

def get_dataset(pdir,T):
    train_data = []
    labels = []
    train_data, labels = get_data(train_data, labels, pdir, T=5000)

    return np.array(train_data), np.array(labels)

data, labels = get_dataset('../tmp/label1/', 5000)

x_train,y_train = data[: 4000], labels[: 4000]
x_test,y_test = data[: 1000], labels[: 1000]
```

4.3.2　构建卷积神经网络

由于 SVHN 数据集中存在大量模糊图像，与使用平均值池化方式相比，使用最大池化方式更能保留图像中较为突出的关键信息，因此池化层均选择最大池化方式。卷积层均采用 ReLU 函数作为激活函数，使用 Softmax 分类器进行分类，构建卷积神经网络模型。

构建的卷积神经网络包括二维卷积层 Conv2D、二维最大池化层 MaxPool2D、Flatten层、全连接层 Dense 等，如代码 4-8 所示。

代码 4-8　构建的卷积神经网络模型

```
# 搭建网络模型
model = tf.keras.models.Sequential()
model.add(tf.keras.layers.Conv2D(16, (8, 8), input_shape=(32, 16, 3), activation=
'relu'))
model.add(tf.keras.layers.MaxPool2D((2, 2)))
model.add(tf.keras.layers.Conv2D(32, (4, 4), padding='same'))
model.add(tf.keras.layers.MaxPool2D((2, 2)))
model.add(tf.keras.layers.Conv2D(64, (2, 2), padding='same'))
model.add(tf.keras.layers.MaxPool2D((2, 2)))

model.add(tf.keras.layers.Flatten())
model.add(tf.keras.layers.Dense(128, activation='relu'))
model.add(tf.keras.layers.Dense(64, activation='relu'))
model.add(tf.keras.layers.Dense(10, activation='softmax'))
```

4.3.3　训练并保存模型

对构建好的卷积神经网络进行训练，并保存训练好的模型用于后续的门牌号识别。训练参数的设置会对最终得到的模型产生影响，不仅会影响模型的训练速度，还会影响模型的精度。在训练过程中，optimizer 参数设置为 adam，表示优化器使用自适应矩估计；loss参数设置为 sparse_categorical_crossentropy，表示损失函数使用交叉熵；metrics 参数设置为accuracy，表示评估指标为准确率；epochs 参数设置为 50，表示单次训练迭代的次数为 50；verbose 参数设置为 1，表示日志信息为输出进度条的记录。训练并保存训练好的模型，如代码 4-9 所示。

代码 4-9　训练并保存训练好的模型

```
# 编译网络
model.compile(optimizer='adam', loss='sparse_categorical_crossentropy', metrics=
['accuracy'])
# 模型训练
model.fit(x_train, y_train, epochs=50, verbose=1)
model.save('../tmp/model_mp.h5')  # 保存模型
```

训练过程中输出的日志如下。

```
Epoch 1/50
125/125 [==============================] - 2s 14ms/step - loss: 2.8637 - accuracy:
0.2693
Epoch 2/50
125/125 [==============================] - 2s 14ms/step - loss: 1.6514 - accuracy:
0.4588
Epoch 3/50
125/125 [==============================] - 2s 15ms/step - loss: 1.3932 - accuracy:
0.5480
Epoch 4/50
125/125 [==============================] - 2s 13ms/step - loss: 1.2055 - accuracy:
0.6068
Epoch 5/50
```

```
125/125 [==============================] - 2s 13ms/step - loss: 1.0491 - accuracy:
0.6612
..........
Epoch 47/50
125/125 [==============================] - 2s 13ms/step - loss: 0.2284 - accuracy:
0.9250
Epoch 48/50
125/125 [==============================] - 2s 13ms/step - loss: 0.1799 - accuracy:
0.9450
Epoch 49/50
125/125 [==============================] - 2s 13ms/step - loss: 0.1643 - accuracy:
0.9528
Epoch 50/50
125/125 [==============================] - 2s 13ms/step - loss: 0.0508 - accuracy:
0.9860
```

由输出的日志可以看出，模型在训练集上的准确率为 98.6%。

4.4　模型评估

训练好的模型还需要进行性能评估，查看模型的泛化和识别能力，最后通过加载保存的模型实现对门牌号的识别。

4.4.1　模型性能评估

使用测试集数据对模型进行性能评估，如代码 4-10 所示。

代码 4-10　模型评估

```
# 模型性能评估
from sklearn import metrics
predictions = model.predict(x_test)
y_pre = np.argmax(predictions, axis=1)

metrics.confusion_matrix(y_test, y_pre)

print('模型准确率为：{}%'.format(float(metrics.accuracy_score(y_test, y_pre)) *
100))
```

运行代码 4-10 得到的输出结果如下。

```
模型准确率为：99.8%
```

由输出结果可以知道，模型在测试集上达到的准确率为 99.8%，该模型在识别图像数字方面性能优越。

4.4.2　识别门牌号

实现门牌号识别的基本思路是，先通过训练好的 HOG+SVM 数字目标检测器对目标数字窗口进行精准定位，再通过训练好的 CNN 模型实现对数字的识别。使用训练好的目标检测器和 CNN 模型识别测试集中门牌图像的数字，如代码 4-11 所示。

代码 4-11 识别门牌号

```python
import cv2
import matplotlib.pyplot as plt
import numpy as np
import os
import tensorflow as tf
import shutil

# 计算目标块之间的重叠面积，重叠面积过大则选择忽略其中一个目标
def diff(col1,col2,row1,row2):
    s = (16 - np.abs(col1 - col2)) * (32 - np.abs(row1 - row2))
    return s

# 清空文件夹操作，保证程序重复运行而不出错
def file_delete(path):
    if os.path.exists(path):
        for i in os.listdir(path):
            path_file = os.path.join(path, i)
            if os.path.isfile(path_file):
                os.remove(path_file)
            elif os.path.isdir(path_file):
                shutil.rmtree(path_file)
            else:
                pass

# 获取目标窗口
def get_target(test_img_num):
    winSize = (16, 8)
    blockSize = (8, 4)
    blockStride = (4, 2)
    cellSize = (4, 2)
    nbins = 9
    test_img = cv2.imread('../data/target_test/' + str(test_img_num) + '.png')
    test_img = cv2.resize(test_img, (128, 64), interpolation=cv2.INTER_AREA)
    img = test_img.copy()
    # 获取大小
    h, w = img.shape[: 2]
    # 加载训练好的模型
    svm = cv2.ml.SVM_load('../tmp/HOG_svm.dat')
    # 设置以下参数是为了筛选框，记录框坐标总和以及框的个数，最后求出所有候选框的均值框
    sum_x = 0
    sum_y = 0
    count = 0
    # 创建 HOG 特征描述子函数
    height = 32
    width = 16

    hog = cv2.HOGDescriptor(winSize, blockSize, blockStride, cellSize, nbins)
    # 为了加快计算，窗口的移动步长为 4×4，一个细胞单元包含 8 个像素
    col_anchor = []
    row_anchor = []
    # index = []
    win_anchor = []
    for row in range(int(height / 2), h - int(height / 2), 8):
```

```
            for col in range(int(width / 2), w - int(width / 2), 4):
                win_roi = test_img[row - int(height / 2): row + int(height /
                                       2), col - int(width / 2): col +
                                       int(width / 2)]
                # 获取 HOG 特征
                hog_desc = hog.compute(win_roi, winStride=(4, 4), padding=(0, 0))
                # 转化为 NumPy 格式
                one_fv = np.zeros([len(hog_desc)], dtype=np.float32)
                for i in range(len(hog_desc)):
                    one_fv[i] = hog_desc[i]
                one_fv = one_fv.reshape(-1, len(hog_desc))
                # 预测
                result = svm.predict(one_fv)[1]

                # 画出所有框
                pj_anchor = []
                s_anchor = []
                if result[0][0] > 0:
                    if col_anchor == []:
                    # 在原图像上加上矩形框
                    cv2.rectangle(img, (col - int(width / 2), row - int(height
                               / 2)), (col + int(width / 2), row + int(height
                               / 2)), (0, 255, 255), 1, 8, 0)
                        row_anchor.append(row)
                        col_anchor.append(col)
                        win_anchor.append(win_roi)
                    else:
                        for i in range(len(col_anchor)):
                            pj_anchor.append(np.abs(col - col_anchor[i]) < 16 and
                                             np.abs(row - row_anchor[i]) < 32)
                        if sum(pj_anchor) >= 1:
                            for i in range(len(col_anchor)):
                                if (np.abs(col - col_anchor[i]) < 16 and
                                    np.abs(row - row_anchor[i]) < 32):
                                    # 计算重叠面积
                                    s = diff(col, col_anchor[i], row, row_
                                    anchor[i])
                                    s_anchor.append(s)
                            # 最大重叠面积小于 1/4 则认定为新目标块，否则忽略该目标块
                            if max(s_anchor) / (16 * 32) < 1 / 4:
                                cv2.rectangle(img, (col - int(width / 2),
                                           row - int (height / 2)),
                                           (col + int(width / 2),
                                           row + int (height / 2)),
                                           (0, 255, 255), 1, 8, 0)
                                row_anchor.append(row)
                                col_anchor.append(col)
                                win_anchor.append(win_roi)
                        else:
                            cv2.rectangle(img, (col - int(width / 2), row - int
                                       (height / 2)), (col +
                                       int(width / 2), row +
                                       int(height / 2)),
                                       (0, 255, 255), 1, 8, 0)
                        row_anchor.append(row)
```

```
                        col_anchor.append(col)
                        win_anchor.append(win_roi)

    plt.imshow(img)
    plt.axis('off')#不显示坐标轴
    plt.show()

    # 清空 target 文件夹
    file_delete('../tmp/target')

    # 从左到右为图像排序并标号
    index = []
    for i in col_anchor:
        index.append(sorted(col_anchor).index(i))

    # 保存目标图像
    for i,t_img in zip(index,win_anchor):
        cv2.imwrite('../tmp/target/' + str(i) + '.png', t_img)

# 识别目标图像上的数字
def get_num(test_img_num):
    get_target(test_img_num)

    model_mp = tf.keras.models.load_model('../tmp/model_mp.h5')  # 加载模型

    test_img = []
    for i in os.listdir('../tmp/target/'):
        test_img.append(cv2.imread('../tmp/target/' + i))
    test_img = np.array(test_img)
    predictions = model_mp.predict(test_img)
    y_pre = np.argmax(predictions, axis=1)
    print(y_pre)

# 应用和测试
get_num(1)
```

运行代码 4-11 得到的门牌号识别的结果如图 4-18 所示。

[2 0 8]

图 4-18　测试图像 1 的识别结果

由图 4-18 可以看出目标检测的定位效果较好，可以准确给出图像 1 中门牌号的定位。

小结

本章使用卷积神经网络实现对街景门牌号的识别。首先提取数据集中的目标数据和背景数据，然后重点介绍了实现基于 HOG 特征提取和 SVM 分类器的目标检测的过程，并实现街景门牌图像中目标数字的提取，之后通过卷积神经网络实现对数字的识别，通过调整网络的参数提高模型的识别精度，并保存训练完毕的模型方便下次调用，最后对模型识别门牌号的能力进行测试。

实训　基于卷积神经网络实现单数字识别

1. 训练要点

（1）掌握图像处理的基本操作。

（2）掌握卷积神经网络模型的搭建。

2. 需求说明

使用 TensorFlow 2.2.0+OpenCV，实现以下目标。

（1）使用 OpenCV 对图像进行基本的预处理。

（2）搭建卷积神经网络实现单数字识别。

3. 实现思路及步骤

实现单数字识别，主要包括以下 3 个步骤。

（1）对图像数据进行预处理，获取训练集和测试集。

（2）搭建卷积神经网络模型。

（3）训练和评估模型。

课后习题

操作题

data_train.npz 和 data_test.npz 为两个存储着图片信息的数据集，图片信息以 numpy.array() 的形式存储，如图 4-19 所示。其中，data_train.npz 存储的是训练集，data_test.npz 存储的是测试集。搭建基于 TensorFlow 2.2.0 的卷积神经网络模型，对训练集进行训练，并在测试集上进行模型评估。

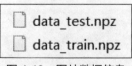

图 4-19　图片数据信息

第 5 章 基于 LSTM 网络的语音识别

近年来，人工智能技术愈发成熟，语音识别技术也不断提高。语音识别技术的目标是将一段语音转换成对应的文本信息。语音识别技术具有广阔的应用前景，如语音检索、命令控制等，同时语音识别还可以作为人机交互的重要接口。但是语音识别还存在难以处理大词量连续语音的问题。本章将使用由不同人朗读的 0~9 的语音数据，提取它们的梅尔频率倒谱系数（Mel-scale Frequency Cepstral Coefficient，MFCC）特征，并使用 LSTM 网络来构建语音识别模型，实现数字语音识别。

学习目标

（1）了解语音识别的背景和目标。

（2）熟悉语音识别的流程。

（3）掌握语音数据特征提取和标准化的方法。

（4）掌握构建语音识别网络的方法。

（5）掌握训练网络的方法。

（6）掌握评估模型性能的方法。

5.1 目标分析

语音识别的应用十分广泛，且发展的潜力依旧巨大。本节简单介绍语音识别的背景、使用的数据、需要分析的目标和项目工程结构。

5.1.1 了解背景

1952 年，贝尔实验室研发了世界上第一个可以识别英语数字的系统，并在 20 世纪 70 年代后迎来了语音识别的高速发展期。20 世纪 80 年代，隐马尔可夫模型（Hidden Markov Model，HMM）成为语音识别中较为常用的方法。20 世纪 80 年代后期，由于神经网络出色的适用性，基于神经网络的语音识别开始兴起。到 21 世纪，则以深度学习为主导实现语音识别。

目前语音识别的研究已经取得了显著的成果，在通信、交通、自动化等领域都可以看见它的身影。手机中的智能语音助手就是以语音识别为基础的具体应用。以最早出现语音助手的苹果手机为例，只要喊一声"嗨! Siri"，就可以找到被遗忘在附近某个角落的手机。在交通领域中，当因为开车无法分心手动设置导航目标时，可以使用语音助手进行输入，降低驾驶员的操作风险。同样可以通过这种方式打电话、发信息。

5.1.2 数据说明

本章的数据集选取 18 个人用英语朗读的 3900 条数字语音，训练集中的部分语音数据如图 5-1 所示。

以其中的"0_Agnes_100.wav"文件为例，即为由 Agnes 朗读 0 的语音。文件名中的"100"表示该文件中语音的语速，数字越大语速越快。但是也存在某些名称中数字小于 100 的文件，在这种情况下语速没有太大的变化，与其他语音文件的差距主要体现在发音上。测试集由在总数据集中随机抽取的 9 条不同的数字语音组成。

测试集中的语音数据如图 5-2 所示。

图 5-1 训练集中的部分语音数据　　　　图 5-2 测试集中的语音数据

5.1.3 分析目标

结合数字语音数据，可以实现以下目标。

（1）提取数字语音数据的 MFCC 特征。

（2）基于 MFCC 特征数据使用 LSTM 网络构建模型，将新的语音数据分类。

语音识别的总体流程如图 5-3 所示，主要包括以下 5 个步骤。

（1）读取数字语音数据。

（2）将数据集划分为训练集和测试集，提取数据集中的 MFCC 特征，并标准化数据。

（3）基于 LSTM 网络构建语音识别网络，设置网络超参数。

（4）编译网络，训练并保存训练好的模型，调整模型的超参数使得模型能够达到较好的性能。

（5）对模型进行泛化能力的测试，并对训练结果进行评估。

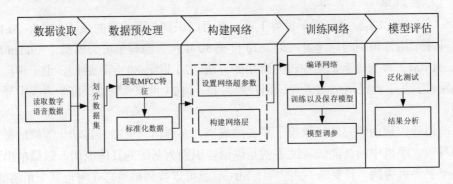

图 5-3 语音识别的总体流程

5.1.4 项目工程结构

本章基于 TensorFlow 2.2.0 运行。本案例的目录包含 3 个文件夹，分别是 code、data

和 tmp，如图 5-4 所示。

　　code 文件夹中包含本案例的全部代码，如图 5-5 所示。model.py 文件中封装了用于设置网络超参数以及网络结构的代码。

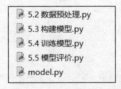

　　　图 5-4　本案例的目录　　　　　　　　　图 5-5　code 文件夹中的文件

　　data 文件夹中包含全部的语音数据，如图 5-6 所示。训练用的数据保存在 recordings 文件夹中，测试用的数据则保存在 test 文件夹中。

　　tmp 文件夹中包含代码运行过程中产生的全部中间文件，如图 5-7 所示。在 lstm_model 文件夹中存放训练完毕的模型。recordings.pkl 文件为预处理后的数据。

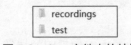

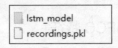

　　　图 5-6　data 文件夹的结构　　　　　　图 5-7　tmp 文件夹的结构

5.2　数据预处理

　　本章中使用的语音数据为 WAV 文件，但 LSTM 网络要求输入的是数值型数据，因此需要对语音数据进行特征提取以及标准化处理。

5.2.1　划分数据集

　　为了在模型训练过程中检验模型的效果，方便调整模型的参数，需要将数据集划分为训练集、验证集和测试集。在本案例中，将 recordings 文件夹中的数据随机打乱，取 70% 作为训练集，剩下的 30% 作为验证集。此时仅对数据集进行划分，还没有正式读取数据。划分数据集，如代码 5-1 所示。

代码 5-1　划分数据集

```
import os
from random import shuffle
import pickle
import librosa
import tensorflow.keras as keras
import librosa.display
import numpy as np
from matplotlib import pyplot as plt

def load_files(audio_dir):
    files = os.listdir(audio_dir)
    wav_files = []
    for wav in files:
        if not wav.endswith('.wav'):
        continue
    wav_files.append(wav)
```

```
        if not wav_files:
            print('未找到数据集')
        # 重排数据集，保证训练，测试集和验证集中基本上各个类别的数据都有
        shuffle(wav_files)
        # 划分数据集
        nfiles = len(wav_files)
        ntrain = int(nfiles * 0.7)
        return wav_files[: ntrain], wav_files[ntrain:]


audio_dir = '../data/recordings/'
dataset_pickle = '../tmp/recordings.pkl'
train_files, valid_files = load_files(audio_dir)
print('训练集样本数为{}\n验证集样本数为{}'.format(len(train_files), len (valid_
files)))
```

运行代码 5-1 得到的结果如下。

```
训练集样本数为 2723
验证集样本数为 1168
```

5.2.2 提取 MFCC 特征

在进行语音识别之前，需要对语音数据进行特征提取。本案例采用的特征提取方法为 MFCC，是基于人的听觉系统建立的倒谱系数。人的听觉系统是一个特殊的非线性系统，它响应不同频率信号的灵敏度是不同的，通常是一个对数关系。梅尔刻度与频率的关系如图 5-8 所示。

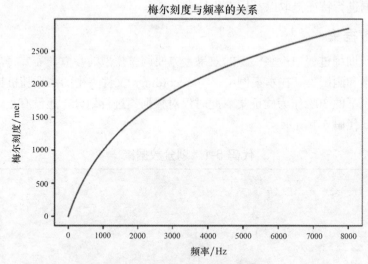

图 5-8　梅尔刻度与频率的关系

根据人类听力的听觉临界频带效应，通过快速傅里叶变换，把语音处理成能量谱数据，再输入到梅尔滤波器组中。对经过滤波处理后的数据进行对数运算，最后进行离散余弦变换，就能得到语音数据的 MFCC 特征。提取 MFCC 特征的流程如图 5-9 所示。

在语音信号的特征提取过程中，能量高的低频信号会影响到高频信号的提取，因此需要对高频部分进行加重。预加重后对信号进行分帧，将整个信号划分为平稳的短时间信号序列。为了避免信号分帧后的帧起始位置与结束位置不连续，需要对分帧后的信号使用一

个某一区间有非零值、其余区间皆为零的窗口函数，即汉明窗。

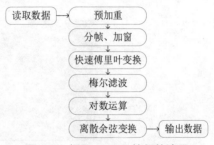

图 5-9　提取 MFCC 特征的流程

经过汉明窗处理的信号数据还位于时域这样的信号难以看出其中包含的信息，需要通过快速傅里叶变换将时域上的信号转换为频域上的信号；再将转换后的信号输入梅尔滤波器组中，对其进行平滑化，消除谐波的作用，突显原先语音的共振峰；接着进行对数运算得到对数频谱；最后再对数频谱进行离散余弦变换，即可得到语音的 MFCC 特征。

绘制原始语音的波形图和 MFCC 特征热力图，如代码 5-2 所示。

代码 5-2　绘制原始语音的波形图和 MFCC 特征热力图

```
wave, sr = librosa.load('../data/recordings/0_Agnes_120.wav')
plt.rcParams['font.sans-serif'] = ['SimHei']
plt.rcParams['axes.unicode_minus'] = False
librosa.display.waveplot(wave, sr=sr)
plt.xlabel('时间')
plt.title('原始语音波形图')
plt.show()

mfcc = librosa.feature.mfcc(wave, sr)
plt.imshow(np.flipud(mfcc.T), cmap=plt.cm.jet,
           aspect=0.2,
           extent=[0, mfcc.shape[0], 0, mfcc.shape[1]])
plt.title('MFCC 特征热力图')
plt.show()
```

运行代码 5-2 后，"0_Agnes_120.wav"的原始语音波形图如图 5-10 所示，MFCC 特征热力图如图 5-11 所示。

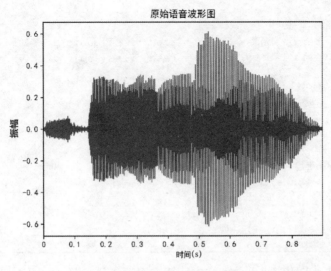

图 5-10　原始语音波形图

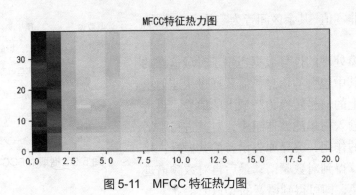

图 5-11　MFCC 特征热力图

从图 5-11 中可以看出，原始语音提取特征后的维度接近 40 行、20 列。在特征提取中，一般将特征的列数设置为 20，而特征的行数则由语音的长短来确定。由于循环神经网络要求输入的数据维度统一，因此在特征的提取中需要将特征固定到同一维度。数据读取并将特征固定到同一维度，如代码 5-3 所示。

代码 5-3　数据读取并将特征固定到同一维度

```python
def read_files(audio_dir, files):
    labels = []
    features = []
    m = []
    for file in files:
        ans = int(file[0])
        wave, sr = librosa.load(audio_dir + file, mono=True)
        labels.append(ans)
        mfcc = librosa.feature.mfcc(wave, sr)
        m.append(len(mfcc[0]))
        mfcc = np.pad(mfcc, ((0, 0), (0, 100 - len(mfcc[0]))),
                      mode='constant', constant_values=0)
        features.append(np.array(mfcc))
    return np.array(features), np.array(labels), m


train_features, train_labels, t_len = read_files(audio_dir, train_files)
valid_features, valid_labels, v_len = read_files(audio_dir, valid_files)

len_s = Series(t_len)
len_s = len_s.value_counts()
len_s = len_s.sort_index()

plt.figure(figsize=(13,5))
plt.title('样本特征维度频率分布图',fontsize=20)
plt.xlabel('维度', fontsize=20)
plt.ylabel('数量（条）', fontsize=20)
plt.bar(range(len(len_s)), len_s)
plt.xticks(range(len(len_s)), len_s.index)
plt.show()    # 展示图像
```

运行代码 5-3 得到未固定维度前的样本特征维度频率分布图，如图 5-12 所示。

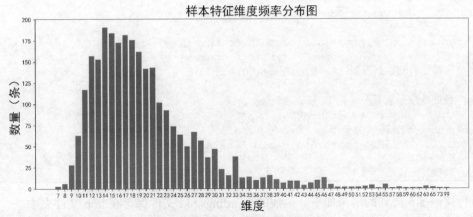

图 5-12　样本特征长度频率分布图

从图 5-12 中可以看出，样本的特征维度主要分布在 10 到 33，有些较长的语音的特征维度接近 100。为了不让样本的特征损失，用 0 对特征进行填充，将所有特征统一填充到 100 的维度。如[1,2,3,…,56]填充为[1,…,56,0,0,…,0]。

5.2.3　标准化数据

固定了特征的维度后还存在一个问题——这些特征的量纲存在差异。查看训练集、验证集的最大值、最小值、均值，如代码 5-4 所示。

代码 5-4　查看训练集、验证集的最大值、最小值、均值

```
print(valid_features.max(), valid_features.min(), valid_features.mean())
print(train_features.max(), train_features.min(), train_features.mean())
```

运行代码 5-4 得到数据集基本属性，其值如表 5-1 所示。

表 5-1　数据集基本属性值

	最大值	最小值	均值
训练集	308.15524	−723.98474	−2.486331
验证集	316.01483	−695.15704	−2.458912

从表 5-1 中可以看出，训练集和验证集均存在最大值和最小值差距较大的情况。因此需要通过标准化处理，使特征具有相同的量纲。本章采用的是标准差标准化，经过处理的数据的均值为 0、标准差为 1。标准差标准化如式（5-1）所示。

$$x^* = \frac{x - \overline{x}}{\sigma} \tag{5-1}$$

其中 $\overline{x}$ 为原始数据的均值，σ 为原始数据的标准差。标准差标准化是当前用得较多的数据标准化方法。在训练神经网络的过程中，将数据标准化能够加速权重参数的收敛。

对数据进行标准化与存储，如代码 5-5 所示。

代码 5-5　标准化与存储数据

```
def mean_normalize(features):
    std_value = features.std()
```

```
        mean_value = features.mean()
        return (features - mean_value) / std_value

train_features = mean_normalize(train_features)
valid_features = mean_normalize(valid_features)
print('标准化后的数据示例: ', train_features[1])

print('预处理数据集写入%s' % dataset_pickle)
pickle_out = open(dataset_pickle, 'wb')
pickle.dump((train_features, train_labels,
             valid_features, valid_labels), pickle_out)
pickle_out.close()
print('数据写入成功! ')
```

运行代码 5-5 得到的结果如下。生成的 reordings.pkl 文件保存在 tmp 文件夹中。

```
标准化后的数据示例: [[-8.464789    -8.061792    -7.681066    ...  0.05857944
    0.05857944   0.05857944]
 [ 4.3945127   4.807239    5.1289005   ...  0.05857944  0.05857944
    0.05857944]
...
[ 0.245568    0.18515001  0.12362237  ...  0.05857944  0.05857944
    0.05857944]
 [ 0.03673101 -0.08096568 -0.19835714  ...  0.05857944  0.05857944
    0.05857944]]
预处理数据集写入../tmp/recordings.pkl
数据写入成功!
```

5.3　构建网络

原始的 RNN 可以用于序列建模，但是在长序列建模中，为了捕获长序列中的语义，需要在多个时间步长运行 RNN，此时 RNN 会因为层次的加深导致梯度消失和爆炸。而 LSTM 网络因其特殊的思想——"门"脱颖而出。在 LSTM 网络中，每个神经元都有要记住的内容和要忘记的内容，以及使用门来更新存储器。LSTM 网络的使用如图 5-13 所示。

图 5-13　LSTM 网络的使用

5.3.1　设置网络超参数

在深度学习中，参数和超参数有很大的区别。网络中常见的参数为训练过程中的权重，而超参数则为网络层神经元个数、学习率、批大小等。在自定义的 LSTM_Config 类中定义了 LSTM 层（num_filters）、全连接层（hidden_dim）、输出层（num_classes）的神经元个数。

设置网络超参数，如代码 5-6 所示。

代码 5-6　设置网络超参数

```python
import numpy as np
import tensorflow as tf
from tensorflow import keras

class LSTM_Config():
    def __init__(self,num_filters, hidden_dim, num_classes):
        # 网络结构
        self.num_filters = num_filters
        self.hidden_dim = hidden_dim
        self.num_classes = num_classes
```

5.3.2　构建网络层

网络层主要定义了 LSTM 层、全连接层、丢弃层和输出层。在实例化网络时通过调用 LSTM_Config 类确定各层网络的神经元个数，并使用丢弃率为 0.5 的丢弃层应对过拟合问题。

由于本案例处理的是分类问题，即将语音分为 0～9 的 10 个类，因此在输出层中采用 Softmax 激活函数，求得样本属于 10 个类中每个类的概率。正确的分类获得更大的概率，错误的分类得到更小的概率。

构建网络层，如代码 5-7 所示。

代码 5-7　构建网络层

```python
class Voice_Model(tf.keras.Model):
    def __init__(self, config):
        self.config = config
        super(Voice_Model, self).__init__()

        # 两层 LSTM 层
        self.lstm_1 = tf.keras.layers.LSTM(config.num_filters, dropout= 0.5,
                                           return_sequences=True,
                                           unroll=True)
        self.lstm_2 = tf.keras.layers.LSTM(config.num_filters, dropout=0.5,
                                           unroll=True)

        # 全连接层
        self.fc = tf.keras.layers.Dense(config.hidden_dim)

        # 丢弃层
        self.dro = tf.keras.layers.Dropout(0.5)

        # 输出层
        self.outlayer = tf.keras.layers.Dense(config.num_classes, activation=
                                              'softmax')


        # 前向传播
    def call(self, inputs, training=None, **kwargs):
        x = inputs
```

```
            x = self.lstm_1(x)
            x = self.lstm_2(x)
            x = self.fc(x)
            # 全连接，输出层

            x = self.outlayer(x)

            return x
```

为了方便后面训练模型，5.3 小节的全部代码已经封装在配套资源中的 model.py 文件中。

5.4　训练网络

保存训练好的模型，并用于新的语音数据集的识别。不同的参数对模型的影响是巨大的，有时会影响模型的训练速度，有时会影响模型的精度。通过不断改变模型的参数，最终获得效果较好的模型。

5.4.1　编译网络

编译网络时使用 Adam 优化器，该优化器利用梯度的一阶矩估计和二阶矩估计动态调整每个参数的学习率，控制学习速度。经过偏置校正后，每一次迭代学习率都有一个确定的范围，使得参数比较平稳。

损失函数使用网络最后一层的输出与真实类别求交叉熵，对求交叉熵后得到的向量求和即得到模型损失。编译网络如代码 5-8 所示。

代码 5-8　编译网络

```
import model
import pickle
import numpy as np
import tensorflow as tf
import matplotlib.pyplot as plt

def read_pickle(file_pickle):
    pickle_in = open(file_pickle, 'rb')
    (train_features, train_labels,
     valid_features, valid_labels) = pickle.load(pickle_in)
    pickle_in.close()
    return train_features, train_labels, valid_features, valid_labels

(train_features, train_labels,
 valid_features, valid_labels) = read_pickle('../tmp/recordings.pkl')
print('训练集的样本数为{}，验证集的样本数为{}，'
      .format(len(train_labels), len(valid_labels)))
# 训练集的样本数为 2723，验证集的样本数为 1168

# 设置参数
num_filters = 128  # LSTM 层神经元数
hidden_dim = 256  # 全连接层神经元数
num_classes = 10  # 类别数

epochs = 100  # 循环次数
learning_rate = 0.001  # 学习率
```

```
batch_size = 128  # 批量大小

# 实例化类
config = model.LSTM_Config(num_filters, hidden_dim, num_classes)
# 创建网络
lstm_model = model.Voice_Model(config)
# 编译网络
lstm_model.compile(optimizer=tf.keras.optimizers.Adam(learning_rate),
                   loss='sparse_categorical_crossentropy',
                   metrics=['accuracy'],
                   experimental_run_tf_function=False)
```

5.4.2　训练以及保存模型

　　模型构建完毕后，可以读取数据并训练模型。为了快速调用模型，可以将其保存到本地。只保存最后 1 次迭代的模型参数在 lstm_model 文件夹中。训练并保存训练好的模型，如代码 5-9 所示。

代码 5-9　训练并保存训练好的模型

```
checkpoint_save_path = '../tmp/lstm_model/deep_cross.ckpt'
cp_callback = tf.keras.callbacks.ModelCheckpoint(filepath=checkpoint_save_path,
save_weights_only=True)
# 训练网络
history = lstm_model.fit(train_features, train_labels, batch_size=batch_size,
                   epochs=epochs,validation_data=(valid_features, valid_labels),
                   callbacks=[cp_callback])

acc = history.history['accuracy']
loss = history.history['loss']
e = range(1, len(loss) + 1)
plt.cla()
plt.plot(e, loss)
t = '学习率为{}、批量大小为{}、周期为{}'.format(learning_rate, batch_size, epochs)
plt.title(t)
plt.xlabel('周期')
plt.ylabel('损失')
plt.savefig(t + '.png')
```

5.4.3　模型调参

　　第一次训练出来的模型往往是不理想的，需要不断调整模型的参数以提高模型的性能，如模型中 LSTM 层的神经元个数，模型的学习率、周期和批量大小等。为了防止模型记住标签的顺序，在提取特征前需将数据集的顺序随机打乱，因此每次运行代码得到的结果会存在一定差异。

　　学习率作为一个超参数控制着调整神经网络权重的速度。如果学习率太小，网络很可能会陷入局部最优。但是如果学习率太大，超过了极值，损失就会停止下降，在某一位置反复振荡。

　　学习率为 0.03 时模型的损失变化曲线如图 5-14 所示，学习率为 0.001 时模型的损失变化曲线如图 5-15 所示。

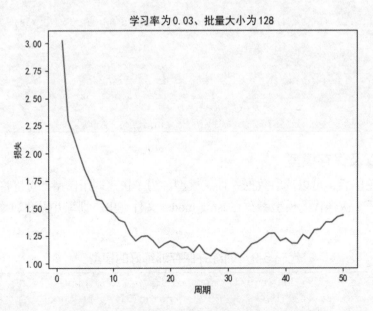

图 5-14　学习率为 0.03 时模型的损失变化曲线

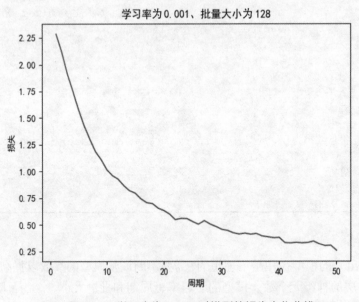

图 5-15　学习率为 0.001 时模型的损失变化曲线

对比图 5-14、图 5-15 可以看出，当学习率为 0.03 时，模型的效果非常差，在达到一个极小值后损失增加。当学习率减小到 0.001 时，模型效果明显变好，在 30 个周期后损失趋于稳定。

超参数中的批量大小是为了实现小批量梯度下降算法。小批量梯度下降算法将训练集分成规模较小的批量，以计算模型误差和更新模型系数。此算法使模型更新频率高于批量梯度下降，避免了模型的局部最小值问题。当批量较大时，每个小批量梯度里可能含有更多的冗余信息。为了得到较好的解，批量较大时比批量较小时需要计算的样本数目可能更多，例如增加迭代周期数。

批量大小为 5 时模型的损失变化曲线如图 5-16 所示，批量大小为 128 时模型的损失变化曲线如图 5-17 所示。

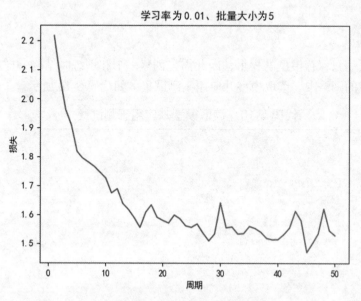

图 5-16 批量大小为 5 时模型的损失变化曲线

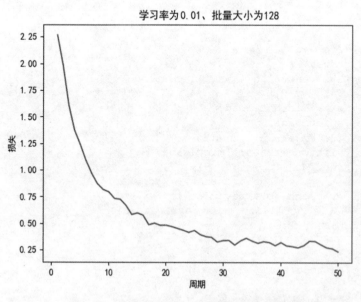

图 5-17 批量大小为 128 时模型的损失变化曲线

对比图 5-16、图 5-17 可以看出，当模型的批量过小时，模型的效果很差，损失下降缓慢且波动较大，50 个周期后损失还在 1.6 左右。而当批量增加时，可以明显感觉到损失迅速下降，且在 30 个周期后损失趋于稳定。

5.5　模型评估

一个模型的好坏不仅取决于其在训练集上的表现，还需考虑其泛化能力。若模型在测试集上的表现极差而在训练集上的表现极好时，这个模型是过拟合的。过拟合的模型在后续的实际应用中表现不佳。

5.5.1　泛化测试

由于保存模型只保存模型的权重，因此需先创建一个和训练时结构一样的网络，再将权重赋值在新建的网络中。读取模型并应用于测试集，如代码 5-10 所示。

代码 5-10　读取模型并应用于测试集

```
import model
import os
import librosa
import numpy as np
from sys import path

def mean_normalize(features):
    std_value = features.std()
    mean_value = features.mean()
    return (features - mean_value) / std_value


def read_test_wave(path):
    files = os.listdir(path)
    feature = []
    features = []
    label = []
    for wav in files:
        # print(wav)
        if not wav.endswith('.wav'): continue
        ans = int(wav[0])
        wave, sr = librosa.load(path + wav, mono=True)
        label.append(ans)
        # print('真实标签: %d' % ans)
        mfcc = librosa.feature.mfcc(wave, sr)
        mfcc = np.pad(mfcc, ((0, 0), (0, 100 - len(mfcc[0]))),
                      mode='constant', constant_values=0)
        feature.append(np.array(mfcc))
    features = mean_normalize(np.array(feature))
    return features, label


path = '../data/test/'
features, label = read_test_wave(path)

num_filters = 128  # LSTM 层神经元数
hidden_dim = 256  # 全连接层神经元数
num_classes = 10  # 类别数
config = model.LSTM_Config(num_filters, hidden_dim, num_classes)
```

```
m1 = model.Voice_Model(config)
m1.compile(loss='sparse_categorical_crossentropy',
           metrics=['accuracy'])
checkpoint_save_path = '../tmp/lstm_model/deep_cross.ckpt'
m1.load_weights(checkpoint_save_path)
result = m1.predict(features)
test_output = [np.argmax(i) for i in result]

for i in range(0, len(label)):
    print('=' * 15)
    print('真实标签: %d' % label[i])
    print('识别结果为: ' + str(test_output[i]))
```

5.5.2　结果分析

当学习率为 0.001、批量大小为 5、周期为 100 时，模型的损失变化曲线，如图 5-18 所示。

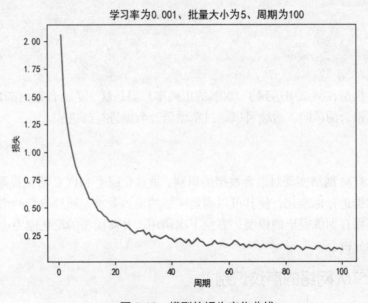

图 5-18　模型的损失变化曲线

从图 5-18 中可以看出，在 20 个周期前，模型的损失迅速下降。20 个周期后，模型损失稳定、缓慢地下降，并保持在 0.2 的水平。运行代码 5-10 读取训练好的模型并应用到抽取的 9 条语音数据中，得到的结果如下所示。

```
===============
真实标签: 0
识别结果为: 0
===============
真实标签: 1
识别结果为: 1
===============
```

真实标签：3
识别结果为：3
================
真实标签：4
识别结果为：4
================
真实标签：5
识别结果为：5
================
真实标签：6
识别结果为：6
================
真实标签：7
识别结果为：7
================
真实标签：8
识别结果为：8
================
真实标签：9
识别结果为：9

可以看出，模型在测试中达到了 100%的正确率。但是这 9 条语音数据来自总数据集，因此还是存在过拟合的风险，后续可以通过新增语音数据进行改进。

小结

本章通过 LSTM 网络实现对语音数据的识别，重点介绍了 MFCC 特征提取的过程，并对提取的特征数据进行标准化，使其可以满足网络的输入要求。通过改变网络的参数，提高模型的精度，保存训练完毕的模型，方便下次调用，并对模型的泛化能力进行测试，对模型的结果进行分析。

实训　基于 LSTM 网络的声纹识别

1. 训练要点

（1）掌握 MFCC 特征提取以及特征维度变换的方法。

（2）掌握 LSTM 网络的基本原理与构建方法。

2. 需求说明

使用 LSTM 网络对声纹数据进行识别，实现以下目标。

（1）提取声纹数据的 MFCC 特征。

（2）基于 MFCC 特征数据使用 LSTM 网络构建模型，将新的声纹数据分类。

3. 实现思路及步骤

实现 LSTM 网络的声纹识别，主要包括以下 8 个步骤。

（1）加载声纹数据。

（2）提取声纹数据的 MFCC 特征。

（3）标准化提取的 MFCC 特征数据。

（4）使用 LSTM 网络构建模型框架。

（5）设置网络参数和路径。

（6）训练网络与保存模型。

（7）在测试集上检验模型。

（8）对模型结果进行分析。

课后习题

操作题

为了让语音识别模型达到更好的效果或者加快模型训练的速度，现要求修改模型中 LSTM 网络的参数以及模型训练过程中的学习率、批量大小等参数。

第 6 章　基于 CycleGAN 的图像风格转换

图像风格转换是指利用算法学习一幅图像的风格，然后把这种风格应用到另外一幅图像上的技术，可以提升民众使用智能手机处理图像的技能，根据自己拍摄图片感受到社会的发展变化，从中获得幸福感和成就感，构建和谐社会。随着深度学习的兴起，图像风格转换技术得到了进一步的发展，并取得了一系列具有突破性的研究成果，它们出色的风格转换能力引起了学术界和工业界的广泛关注，具有重要的研究价值。本章将使用油画和现实风景图像数据集构建 CycleGAN，将现实风景图像转换成油画风格。

学习目标

（1）了解图像风格转换的背景和目标。

（2）熟悉图像风格转换的步骤和流程。

（3）掌握常用的网络构建方法，以构建 CycleGAN。

（4）掌握常用的网络训练方法，如定义损失函数、定义优化器函数和定义训练函数等。

6.1　目标分析

本节主要包含图像风格转换的相关背景以及本案例的目标分析、项目工程结构等内容。

6.1.1　了解背景

图像到图像的转换是一类视觉和图形问题，其目标是获得输入图像和输出图像之间的映射。图像风格转换是一种新兴的基于深度学习的技术，它的出现占了卷积神经网络的"天时"——卷积神经网络能对图像的高层特征进行抽取，使得风格和内容的分离成为可能。

图像风格转换在生活中的运用有很多。例如，利用智能手机相机 App 里的卡通滤镜功能可以将拍摄的图像转换成卡通风格，或者将损坏的图像修复，这些都涉及图像到图像的转换问题。

在 GAN 发展的初期，产生了许多流行的架构，如 DCGAN、CGAN 和 CycleGAN 等。简单的 GAN 可以对数据分布进行采样，不需要假设数据分布，从理论上来讲可以完全逼近真实数据。但是对于较大的图像和复杂的数据，简单的 GAN 变得非常不可控。

除了经典的 GAN 之外，常用的 2 种变种 GAN 结构如下。

（1）CGAN 对原始的 GAN 附加了约束，在生成模型和判别模型中引入了条件变量 y，为模型引入了额外的信息，可指导性地生成数据。理论上，y 可以是各种有意义的信息，如类标签，可以将 GAN 这种无监督学习的方法变成弱监督或者有监督的。

（2）DCGAN 是 GAN 研究的一个重要里程碑，因为它提出了一种重要的改善架构的方法来解决训练不稳定、模式崩溃和内部协变量转换等问题。

以上 2 种 GAN 都属于单向的 GAN，一般用于生成图像，无法实现图像风格转换。将一幅图像的风格应用到另一幅图像上，网络必须是双向的结构。

所以，本案例选择用 CycleGAN 这种双向的 GAN 来实现图像风格转换，实现在没有成对例子的情况下学习将图像从源域 X 转换到目标域 Y 的方法，如图 6-1 所示。

图 6-1　图像从源域 X 转换到目标域 Y

6.1.2　分析目标

利用油画与现实风景图像数据集，可以让 CycleGAN 将现实风景图像的风格转换成油画风格。

本案例的总体流程如图 6-2 所示，主要包括以下 5 个步骤。

（1）加载油画与现实风景图像数据集。

（2）数据预处理，包括随机抖动、归一化处理、对所有图像做批处理并打乱和建立迭代器。

（3）构建 CycleGAN，即构建生成器与判别器。

（4）训练网络，包括定义损失函数、定义优化器、定义图像生成函数和定义训练函数等。

（5）对训练结果进行分析。

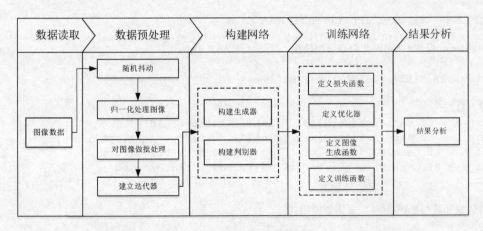

图 6-2　本案例的总体流程

6.1.3　项目工程结构

本案例基于 TensorFlow 2.2.0 环境运行，并且需要安装 tensorflow_examples 库。

将本书配套的 tensorflow_examples 文件夹放入对应的 Python 路径中，默认路径为"C:\Users\用户名\Anaconda3\Lib\site-packages"。

本案例的目录包含 2 个文件夹，分别是 code 和 data，如图 6-3 所示。

所有原始图像数据均存放在 data 文件夹中，data 文件夹共包含 4 个子文件夹，分别是 testA、testB、trainA、trainB，如图 6-4 所示。

所有的代码文件均存放在 code 文件夹中。

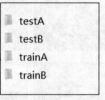

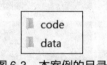

图 6-3　本案例的目录　　　　　　　　　　图 6-4　data 文件夹

6.2　读取数据

本案例使用的数据是油画与现实风景图像数据集，该数据集包含 4 个子数据集，分别为 testA、testB、trainA、trainB 数据集。其中，testA、trainA 分别包含 400 幅油画图像，testB、trainB 分别包含 400 幅现实风景图像。

读取图像数据，再将数据转换成 TensorFlow 框架所需要的格式，即张量格式，如代码 6-1 所示。

代码 6-1　读取数据

```
# 导入库
import tensorflow as tf
from tensorflow_examples.models.pix2pix import pix2pix

import matplotlib.pyplot as plt
from IPython.display import clear_output

AUTOTUNE = tf.data.experimental.AUTOTUNE

# 如果显存"爆炸"，则用此命令强制使用CPU运行代码
import os
os.environ["CUDA_VISIBLE_DEVICES"] = "-1"

# 导入数据
train_A = tf.data.Dataset.list_files('../data/trainB/*.jpg')
train_B = tf.data.Dataset.list_files('../data/trainA/*.jpg')
test_A = tf.data.Dataset.list_files('../data/testB/*.jpg')
test_B = tf.data.Dataset.list_files('../data/testA/*.jpg')


# 将数据加载为TensorFlow需要的格式
```

```
def load(image_file):
    image = tf.io.read_file(image_file)
    image = tf.image.decode_jpeg(image)
    image = tf.cast(image, tf.float32)
    return image
```

展示一幅图像，如代码 6-2 所示。

代码 6-2　展示一幅图像

```
# 展示图像
# mpimg 用于读取图像
import matplotlib.image as mpimg
img = mpimg.imread('./data/trainB/2016-11-24 10_56_13.jpg')
plt.imshow(img)  # 显示图像
plt.axis('off')  # 不显示坐标轴
plt.show()
```

展示的图像如图 6-5 所示。

图 6-5　展示的图像

6.3　数据预处理

下面对原始图像数据进行数据预处理，包括随机抖动、归一化处理图像、对所有图像做批处理并打乱，以及建立迭代器。

6.3.1　随机抖动

由于深度网络需要在大量的训练图像上进行训练才能获得令人满意的性能，如果原始图像数据集中训练图像较少，则最好进行数据扩充以提高模型性能，防止过拟合。本项目中，原始图像数据仅 400 张，训练深度网络时必须将数据集进行扩充。

目前有许多方法可以进行数据扩充，如流行的水平翻转、随机裁剪和颜色抖动，本节主要使用的是随机抖动（Random Jittering）的方式。

首先将图像调整为更大的高度和宽度，原图像的尺寸为 256×256，调整尺寸后为 286×286，如代码 6-3 所示。

代码 6-3　定义调整图像尺寸的函数

```
# 将图像调整为更大的高度和宽度，为后面的随机抖动做准备
def resize(input_image, height, width):
    image = tf.image.resize(input_image, [height, width],
                        method=tf.image.ResizeMethod.NEAREST_NEIGHBOR)
    return image


# 随机裁剪到目标尺寸
# 目标尺寸
IMG_WIDTH = 256
IMG_HEIGHT = 256
def random_crop(image):
    cropped_image = tf.image.random_crop(
        image, size=[IMG_HEIGHT, IMG_WIDTH, 3])

    return cropped_image
```

　　然后再次将图像随机裁剪为目标尺寸，即从 286×286 的图像中随机裁剪出 256×256 大小的图像。

　　最后随机水平翻转图像。将图像左右翻转的概率设为 0.5，即输出的图像有 50%的可能性是左右翻转的，否则就输出原图，如代码 6-4 所示。

代码 6-4　定义水平镜像处理图像的函数

```
# 随机对图像做水平镜像处理
def random_jitter(image):
    # 调整大小为 286×286×3
    image = resize(image, 286, 286)
    # 随机裁剪到 256×256×3
    image = random_crop(image)
    # 随机镜像
    image = tf.image.random_flip_left_right(image)
    return image
```

6.3.2　归一化处理图像

　　利用图像的不变矩寻找一组参数，使其能够消除其他变换函数对图像变换的影响，将待处理的原始图像转换成相应的唯一标准形式，该标准形式图像对平移、旋转、缩放等仿射变换具有不变性。因为图像归一化使得图像可以抵抗几何变换，利于网络找出图像中的不变量，所以需要定义一个可以归一化处理图像的函数，如代码 6-5 所示。

代码 6-5　定义归一化处理图像的函数

```
# 图像归一化
# 将图像归一化到区间[-1, 1]
def normalize(image):
    image = (image / 127.5) - 1
    return image
```

　　定义好可以水平镜像处理图像的函数和归一化处理图像的函数之后，定义可以使用这

两个函数对图像数据进行处理的函数，如代码 6-6 所示。

代码 6-6　定义可以对图像进行水平镜像和归一化处理的函数

```
# 处理训练集图像
def preprocess_image_train(image_file):
    image = load(image_file)
    image = random_jitter(image)
    image = normalize(image)
    return image

# 处理测试集图像
def preprocess_image_test(image_file):
    image = load(image_file)
    image = normalize(image)
    return image
```

6.3.3　对所有图像做批处理并打乱

分别对训练集与测试集图像做批处理并打乱，然后将其分别放入两个数据集对象 dataset 中，如代码 6-7 所示。

代码 6-7　对所有图像做批处理并打乱

```
# 对训练集所有图像进行批处理，将其放入一个dataset中
BUFFER_SIZE = 1000
BATCH_SIZE = 1

train_A = train_A.map(
                    preprocess_image_train, num_parallel_calls=AUTOTUNE).
                    cache().shuffle(BUFFER_SIZE).batch(BATCH_SIZE)

train_B = train_B.map(
                    preprocess_image_train, num_parallel_calls=AUTOTUNE).
                    cache().shuffle(BUFFER_SIZE).batch(BATCH_SIZE)

# 对测试集所有图像进行批处理，将其放入一个dataset中
test_A = test_A.map(
                    preprocess_image_test, num_parallel_calls=AUTOTUNE).
                    cache().shuffle(BUFFER_SIZE).batch(BATCH_SIZE)

test_B = test_B.map(
                    preprocess_image_test, num_parallel_calls=AUTOTUNE).
                    cache().shuffle(BUFFER_SIZE).batch(BATCH_SIZE)
```

6.3.4　建立迭代器

建立迭代器，使网络的每次迭代仅取出一幅图像作为结果输出，如代码 6-8 所示。

代码 6-8　建立迭代器

```
# 建立迭代器，使每次取出一幅图像
sample_A = next(iter(train_A))
sample_B = next(iter(train_B))
```

6.4　构建网络

CycleGAN 需要两个生成器——G 和 F，两个判别器——D_x 和 D_y，其网络结构如图 6-6 所示。两个生成器与两个判别器的作用如下。

（1）生成器 G 将图像 X 转换为 Y（G：$X{\rightarrow}Y$）。

（2）生成器 F 将图像 Y 转换为 X（F：$Y{\rightarrow}X$）。

（3）判别器 D_x 区分图像 X 与生成的图像 X。

（4）判别器 D_y 区分图像 Y 与生成的图像 Y。

图 6-6　CycleGAN 网络结构

tensorflow_examples 中包含功能完整的 Pix2Pix 网络项目。Pix2Pix 网络是 GAN 的变种之一，主体结构同样是生成器和判别器，构建网络时直接调用即可，能有效减小代码篇幅，看起来简洁明了。

从 tensorflow_examples 中调用 Pix2Pix 网络的生成器与判别器来构建两个生成器与两个判别器，归一化层选择实例归一化层，如代码 6-9 所示。

代码 6-9　构建网络

```
# 构建生成器与判别器
OUTPUT_CHANNELS = 3
generator_g = pix2pix.unet_generator(OUTPUT_CHANNELS, norm_type='instancenorm')
generator_f = pix2pix.unet_generator(OUTPUT_CHANNELS, norm_type='instancenorm')
discriminator_x = pix2pix.discriminator(norm_type='instancenorm', target=False)
discriminator_y = pix2pix.discriminator(norm_type='instancenorm', target=False)
```

6.5　训练网络

训练网络包括定义损失函数、定义优化器、定义图像生成函数和定义训练函数等。

6.5.1　定义损失函数

通过 Keras 高级接口下的损失函数 BinaryCrossentropy 定义生成器与判别器的损失函数，分别如代码 6-10 和代码 6-11 所示。

代码 6-10　定义判别器的损失函数

```
# 定义判别器的损失函数
LAMBDA = 10
loss_obj = tf.keras.losses.BinaryCrossentropy(from_logits=True)
def discriminator_loss(real, generated):
    real_loss = loss_obj(tf.ones_like(real), real)
    generated_loss = loss_obj(tf.zeros_like(generated), generated)
    total_disc_loss = real_loss + generated_loss

    return total_disc_loss * 0.5
```

代码 6-11　定义生成器的损失函数

```
# 定义生成器的损失函数
def generator_loss(generated):
    return loss_obj(tf.ones_like(generated), generated)
```

CycleGAN 可以学习生成结果分别为目标域 1 和目标域 2 同分布的映射 1 和映射 2。然而，网络也可以将同一组输入图像映射到目标域中任意随机排列的图像，其中网络已学习的任何映射都可以诱导出与目标分布匹配的输出分布。因此，仅仅定义生成器与判别器的损失函数并不能够保证将单个输入映射到所需输出。为了进一步减少映射函数的空间，需要定义循环一致损失函数和一致性损失函数，分别如代码 6-12 和代码 6-13 所示。

代码 6-12　定义循环一致损失函数

```
# 定义循环一致损失函数
def calc_cycle_loss(real_image, cycled_image):
  loss1 = tf.reduce_mean(tf.abs(real_image - cycled_image))
  return LAMBDA * loss1
```

代码 6-13　定义一致性损失函数

```
# 定义一致性损失函数
def identity_loss(real_image, same_image):
    loss = tf.reduce_mean(tf.abs(real_image - same_image))
    return LAMBDA * 0.5 * loss
```

6.5.2　定义优化器

优化器的目标是降低训练的损失值。通过 Keras 高级接口下的 Adam 优化器来分别定义生成器与判别器的优化器，如代码 6-14 所示。

代码 6-14　定义生成器与判别器的优化器

```
# 初始化优化器
# 初始化生成器的优化器
generator_g_optimizer = tf.keras.optimizers.Adam(2e-4, beta_1=0.5)
generator_f_optimizer = tf.keras.optimizers.Adam(2e-4, beta_1=0.5)
# 初始化判别器的优化器
discriminator_x_optimizer = tf.keras.optimizers.Adam(2e-4, beta_1=0.5)
discriminator_y_optimizer = tf.keras.optimizers.Adam(2e-4, beta_1=0.5)
```

6.5.3　定义图像生成函数

定义图像生成函数以展示每次迭代的训练效果，需要展示一幅输入图像和该图像的转换图像，如代码 6-15 所示。

代码 6-15　定义图像生成函数

```
# 定义图像生成函数
def generate_images(model, test_input):
    prediction = model(test_input)

    plt.figure(figsize=(12, 12))

    display_list = [test_input[0], prediction[0]]
    #解决中文显示问题
    plt.rcParams['font.sans-serif']=['SimHei']
    plt.rcParams['axes.unicode_minus'] = False
    title = ['输入图像', '转换图像']
```

```
for i in range(2):
        plt.subplot(1, 2, i+1)
        plt.title(title[i])
        # 获取范围为[0, 1]的像素值以绘制图像
        plt.imshow(display_list[i] * 0.5 + 0.5)
        plt.axis('off')
    plt.show()
```

6.5.4 定义训练函数

定义训练函数包括 4 个步骤，即获取预测、计算损失值、使用反向传播计算损失值和将梯度应用于优化器，如代码 6-16 所示。

代码 6-16 定义训练函数

```
# 定义训练一次的函数
def train_step(real_x, real_y):
    # persistent 设置为 Ture，因为 GradientTape 被多次用于计算梯度
    with tf.GradientTape(persistent=True) as tape:
        # 生成器 G 实现 X -> Y 的转换
        # 生成器 F 实现 Y -> X 的转换

        fake_y = generator_g(real_x, training=True)
        cycled_x = generator_f(fake_y, training=True)

        fake_x = generator_f(real_y, training=True)
        cycled_y = generator_g(fake_x, training=True)

        # same_x 和 same_y 用于计算一致性损失
        same_x = generator_f(real_x, training=True)
        same_y = generator_g(real_y, training=True)

        disc_real_x = discriminator_x(real_x, training=True)
        disc_real_y = discriminator_y(real_y, training=True)

        disc_fake_x = discriminator_x(fake_x, training=True)
        disc_fake_y = discriminator_y(fake_y, training=True)

        # 计算损失
        gen_g_loss = generator_loss(disc_fake_y)
        gen_f_loss = generator_loss(disc_fake_x)

        total_cycle_loss = (calc_cycle_loss(real_x, cycled_x) +
                            calc_cycle_loss(real_y, cycled_y))

        # 总生成器损失 = 对抗性损失 + 循环损失
        total_gen_g_loss = gen_g_loss + total_cycle_loss + identity_loss(
                real_y,
                same_y)
        total_gen_f_loss = gen_f_loss + total_cycle_loss + identity_loss(
                real_x,
                same_x)

        disc_x_loss = discriminator_loss(disc_real_x, disc_fake_x)
        disc_y_loss = discriminator_loss(disc_real_y, disc_fake_y)
```

```
# 计算生成器和判别器损失
generator_g_gradients = tape.gradient(total_gen_g_loss,
                                      generator_g.trainable_
variables)
generator_f_gradients = tape.gradient(total_gen_f_loss,
                                      generator_f.trainable_
variables)

discriminator_x_gradients = tape.gradient(
        disc_x_loss,
        discriminator_x.trainable_variables)
discriminator_y_gradients = tape.gradient(
        disc_y_loss,
        discriminator_y.trainable_variables)

# 将梯度应用于优化器
generator_g_optimizer.apply_gradients(zip(generator_g_gradients,
                                          generator_g.trainable_
variables))

generator_f_optimizer.apply_gradients(zip(generator_f_gradients,
                                          generator_f.trainable_
variables))

discriminator_x_optimizer.apply_gradients(
        zip(discriminator_x_gradients,discriminator_x.trainable_
variables)
    )

discriminator_y_optimizer.apply_gradients(

        zip(discriminator_y_gradients,discriminator_y.trainable_variables)
    )
```

6.5.5　训练网络

设置迭代次数为 20，并将网络的生成结果限制为同一幅输入图像，以便于观察并对比转换图像每次迭代的变化，如代码 6-17 所示。

代码 6-17　训练网络

```
# 训练网络
EPOCHS = 20
for epoch in range(EPOCHS):
    n = 0
    for image_x, image_y in tf.data.Dataset.zip((train_A, train_B)):
        train_step(image_x, image_y)
        if n % 10 == 0:
            print('Epoch:', epoch, 'N:', n, end='\n')
        n+=1

    clear_output(wait=True)
    # 使用一致的图像（sample_A），以使网络的进度清晰可见
    generate_images(generator_g, sample_A)
```

6.6　结果分析

本节以"将现实风景图像的风格转换为油画风格"这一条风格转换路线来做结果分析，观察一定次数的迭代之后生成的图像并总结其特点，对比分析经历不同次数迭代后网络生成的图像所发生的变化。

当 epoch=0 时，即网络第 1 次迭代后，生成的转换图像基本没有变化，如图 6-7 所示。

输入图像　　　　　　　　　　　　　转换图像

图 6-7　网络第 1 次迭代后生成的转换图像

当 epoch=9 时，即网络第 10 次迭代后，已经能够生成具有简单色彩的图像，如图 6-8 所示。

输入图像　　　　　　　　　　　　　转换图像

图 6-8　网络第 10 次迭代后生成的转换图像

当 epoch=19 时，即网络第 20 次迭代后，现实风景图像已经具有了油画风格，如图 6-9 所示。

输入图像　　　　　　　　　　　　　转换图像

图 6-9　网络第 20 次迭代后生成的转换图像

小结

本章主要实现了基于 CycleGAN 将现实风景图像的风格转换成油画风格。首先读取数据，对图像进行数据预处理，然后构建生成器与判别器，接下来训练 CycleGAN，包括定义损失函数、定义优化器、定义图像生成函数和定义训练函数等，最后对转换的结果进行分析。

实训　基于 CycleGAN 实现苹果与橙子的转换

1. 训练要点

掌握 CycleGAN 的基本原理与构建方法。

2. 需求说明

用 CycleGAN 对苹果与橘子进行图像风格转换，实现以下目标。

（1）让模型学习苹果风格并生成苹果图像。

（2）让模型学习橙子风格并生成橙子图像。

（3）让模型将苹果风格的图像转换成橙子风格的图像。

3. 实现思路及步骤

（1）读取数据。

（2）图像处理。

（3）构建网络。

（4）定义损失函数。

（5）定义优化器。

（6）定义图像生成函数。

（7）定义训练函数。

（8）训练网络。

（9）结果分析。

课后习题

操作题

为了让 CycleGAN 达到更好的图像风格转换效果，现要求将 6.5.2 小节中生成器与判别器的优化器修改成 Keras 高级接口下的 SGD 优化器，SGD 优化器的语法格式如下。

```
tf.keras.optimizers.SGD(
    learning_rate=0.01, momentum=0.0, nesterov=False, name='SGD', **kwargs
)
```

第**7**章 基于 TipDM 大数据挖掘建模平台的语音识别

第 5 章介绍了基于 LSTM 网络的语音识别，本章将介绍另一种工具——TipDM 大数据挖掘建模平台，并通过该平台实现语音识别。相较于传统的 Python 解析器，TipDM 大数据挖掘建模平台具有流程化、去编程化等特点，满足不懂编程的用户使用数据分析技术的需求，通过学习使用 TipDM 大数据挖掘建模平台可以实现多门简易技术的掌握，深入实施科教兴国战略、人才强国战略、创新驱动发展战略，开辟发展新领域新赛道，不断塑造发展新动能新优势。

学习目标

（1）了解 TipDM 大数据挖掘建模平台的相关概念和特点。

（2）熟悉使用 TipDM 大数据挖掘建模平台配置语音识别任务的总体流程。

（3）掌握使用 TipDM 大数据挖掘建模平台获取数据的方法。

（4）掌握使用 TipDM 大数据挖掘建模平台进行文件解压、数据集划分、特征提取、数据标准化等操作。

（5）掌握使用 TipDM 大数据挖掘建模平台训练模型、调用模型进行分类等操作。

7.1 平台简介

TipDM 大数据挖掘建模平台是由广东泰迪智能科技股份有限公司自主研发、面向大数据挖掘项目的工具。该平台使用 Java 语言开发，采用 B/S 结构，用户不需要下载客户端，可通过浏览器进行访问。该平台具有支持多种语言、操作简单、无须编程语言基础等特点，以流程化的方式将数据输入与输出、统计与分析、数据预处理、分析与建模等环节进行连接，从而达成大数据分析的目的。该平台的界面如图 7-1 所示。

图 7-1 该平台的界面

读者可通过访问该平台查看具体的界面情况。访问该平台的具体步骤如下。

（1）微信搜索公众号"泰迪学院"或"TipDataMining"，关注公众号。

（2）关注公众号后，回复"建模平台"，获取该平台访问方式。

本章将通过语音识别案例，介绍使用平台实现案例的流程。在介绍之前，需要引入平台的几个概念。

（1）算法：对建模过程涉及的输入/输出、数据探索及预处理、建模、模型评估等算法分别进行封装，每一个封装好的算法模块称为算法组件。

（2）实训：为实现某一数据分析目标，对各算法通过流程化的方式进行连接，整个数据分析流程称为一个实训。

（3）模板：用户可以将配置好的实训通过模板的方式分享给其他用户，其他用户可以使用该模板，创建一个无须配置算法便可运行的实训。

TipDM 大数据挖掘建模平台主要有以下几个特点。

（1）平台算法基于 Python、R 以及 Hadoop/Spark 分布式引擎进行数据分析。Python、R 以及 Hadoop/Spark 是目前较流行的用于数据分析的语言，高度契合行业需求。

（2）用户可在没有 Python、R 或者 Hadoop/Spark 编程基础的情况下，使用直观的拖曳式图形界面构建数据分析流程，无须编程。

（3）提供公开可用的数据分析示例实训，可"一键创建、快速运行"，支持在线预览挖掘流程每个节点的结果。

（4）平台包含 Python、Spark、R 三种编程语言的算法包，用户可以根据实际需求灵活选择不同的语言进行数据挖掘建模。

下面将对平台【实训库】【数据连接】【实训数据】【我的实训】【系统算法】和【个人算法】6 个模块进行介绍。

7.1.1　实训库

登录平台后，用户即可看到【实训库】模块系统提供的示例实训（模板），如图 7-2 所示。

图 7-2　示例实训

【实训库】模块主要用于标准大数据分析案例的快速创建和展示。通过【实训库】模块，用户可以创建一个无须导入数据及配置参数就能够快速运行的实训。同时，每一个模板的创建者都具有模板的所有权，能够对模板进行管理。用户可以将自己搭建的数据分析示例实训生成模板，显示在【实训库】模块，供其他用户一键创建。

7.1.2 数据连接

【数据连接】模块支持从 DB2、SQL Server、MySQL、Oracle、PostgreSQL 等常用关系数据库导入数据，如图 7-3 所示。

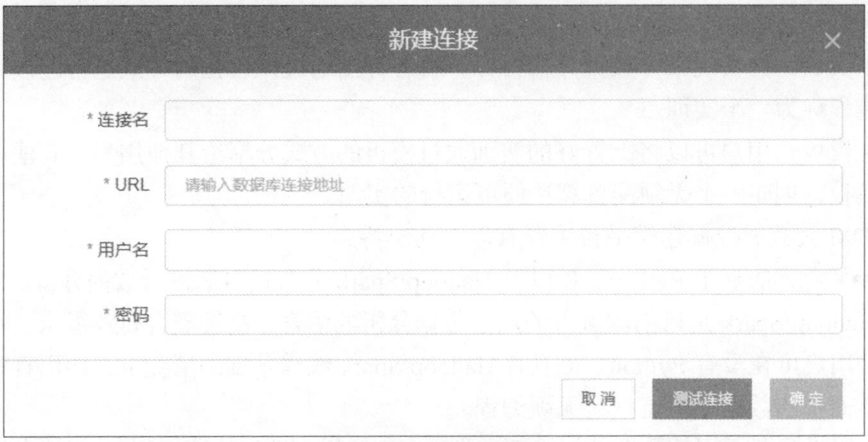

图 7-3 连接数据库

在输入了连接名、连接地址、用户名、密码后单击"测试连接"，成功新建数据库连接，如图 7-4 所示。

图 7-4 成功新建数据库连接

7.1.3 实训数据

【实训数据】模块主要用于数据分析实训的数据导入与管理，支持从本地导入任意类型数据，如图 7-5 所示。

图 7-5　新增数据集

除了导入本地的文件外，还可以通过连接的数据库导入数据，如图 7-6 所示。

图 7-6　导入数据库数据

7.1.4　我的实训

【我的实训】模块主要用于数据分析流程化的创建与管理，如图 7-7 所示。通过【实训】模块，用户可以创建空白实训，进行数据分析实训的配置，对数据输入和输出、数据预处理、挖掘建模、模型评估等环节通过流程化的方式进行连接，以达到数据分析的目的。对于完成的优秀的实训，可以将其保存为模板，让其他使用者学习和借鉴。

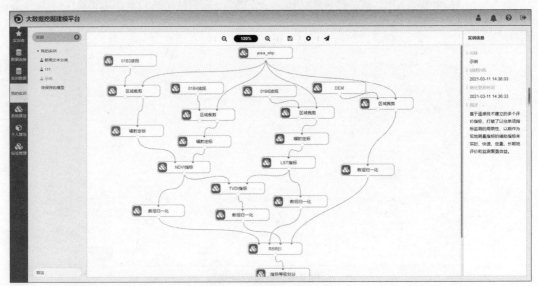

图 7-7　平台提供的示例实训

7.1.5　系统算法

【系统算法】模块主要用于大数据分析内置常用算法的管理，提供 Python、R 语言、Spark 3 种系统算法，如图 7-8 所示。

图 7-8　平台提供的系统算法

（1）Python 算法包可分为 10 类，具体如下。

①【统计分析】类提供对数据整体情况进行统计的常用算法，包括因子分析、全表统计、正态性检验、相关性分析、卡方检验、主成分分析和频数统计等。

②【预处理】类提供对数据进行清洗的算法，包括数据标准化、缺失值处理、表堆叠、数据筛选、行列转置、修改列名、衍生变量、数据拆分、主键合并、新增序列、数据排序、

记录去重和分组聚合等。

③【脚本】类提供一个 Python 代码编辑框。用户可以在代码编辑框中粘贴已经写好的程序代码并直接运行，无须再额外配置算法。

④【分类】类提供常用的分类算法，包括朴素贝叶斯、支持向量机、CART 分类树、逻辑回归、神经网络和 k 近邻等。

⑤【聚类】类提供常用的聚类算法，包括层次聚类、DBSCAN 密度聚类和 k 均值等。

⑥【回归】类提供常用的回归算法，包括 CART 回归树、线性回归、支持向量机回归和 k 近邻回归等。

⑦【时间序列】类提供常用的时间序列算法，包括 ARIMA。

⑧【关联规则】类提供常用的关联规则算法，包括 Apriori 和 FP-Growth。

⑨【文本分析】类提供对文本数据进行清洗、特征提取与分析的常用算法，包括 TextCNN、seq2seq、jieba 分词、HanLP 分词与词性、TF-IDF、Doc2Vec、Word2Vec、过滤停用词、线性判别分析（Linear Discriminant Analysis，LDA）、TextRank、分句、正则匹配和 HanLP 实体提取等。

⑩【绘图】类提供常用的画图算法，包括柱形图、折线图、散点图、饼图和词云图等。

（2）Spark 算法包可分为 6 类，具体如下。

①【预处理】类提供对数据进行清洗的算法，包括数据去重、数据过滤、数据映射、数据反映射、数据拆分、数据排序、缺失值处理、数据标准化、衍生变量、表连接、表堆叠、哑变量和数据离散化等。

②【统计分析】类提供对数据整体情况进行统计的常用算法，包括行列统计、全表统计、相关性分析和卡方检验等。

③【分类】类提供常用的分类算法，包括逻辑回归、决策树、梯度提升树、朴素贝叶斯、随机森林、线性支持向量机和多层感知神经网络等。

④【聚类】类提供常用的聚类算法，包括 k 均值聚类、二分 k 均值聚类和混合高斯模型等。

⑤【回归】类提供常用的回归算法，包括线性回归、广义线性回归、决策树回归、梯度提升树回归、随机森林回归和保序回归等。

⑥【协同过滤】类提供常用的智能推荐算法，包括交替最小二乘（Alternating Least Square，ALS）算法。

（3）R 语言算法包可分为 8 类，具体如下。

①【统计分析】类提供对数据整体情况进行统计的常用算法，包括卡方检验、因子分析、主成分分析、相关性分析、正态性检验和全表统计等。

②【预处理】类提供对数据进行清洗的算法，包括缺失值处理、异常值处理、表连接、表堆叠、数据标准化、记录去重、数据离散化、排序、数据拆分、频数统计、新增序列、字符串拆分、字符串拼接、修改列名和衍生变量等。

③【脚本】类提供一个 R 语言代码编辑框。用户可以在代码编辑框中粘贴已经写好的程序代码并直接运行，无须再额外配置算法。

④【分类】类提供常用的分类算法，包括朴素贝叶斯、CART 分类树、C4.5 分类树、

反向传播（Back Propagation，BP）神经网络、k 近邻、支持向量机和逻辑回归等。

⑤【聚类】类提供常用的聚类算法，包括 k 均值、DBSCAN 和系统聚类等。

⑥【回归】类提供常用的回归算法，包括 CART 回归树、C4.5 回归树、线性回归、岭回归和 k 近邻回归等。

⑦【时间序列】类提供常用的时间序列算法，包括 ARIMA、GM(1,1)和指数平滑等。

⑧【关联分析】类提供常用的关联规则算法，包括 Apriori。

7.1.6 个人算法

【个人算法】模块主要为了满足用户的个性化需求。在用户使用过程中，可根据自己的需求定制算法，方便使用。目前该模块支持通过 Python 和 R 语言进行个人算法的定制，如图 7-9 所示。

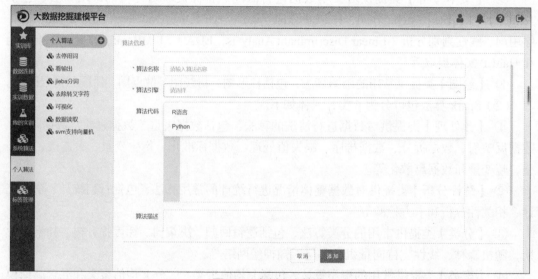

图 7-9 定制个人算法

7.2 实现语音识别

以语音识别案例为例，在 TipDM 大数据挖掘建模平台上配置对应实训。详细流程的配置过程，可访问平台进行查看。

在 TipDM 大数据挖掘建模平台上配置语音识别实训的总体流程如图 7-10 所示，主要包括以下 4 个步骤。

（1）配置数据源。在 TipDM 大数据挖掘建模平台导入语音数据。

（2）数据预处理。对原始数据进行预处理，先将文件解压，然后进行划分数据集、MFCC 特征提取、语音数据标准化等操作。

（3）训练网络。训练自定义的 LSTM 网络，并保存训练完毕的 LSTM 模型。

（4）模型评价。对测试集用同样的方式读取，并对比模型在测试集上的真实值与预测值，获得准确率并进行结果分析。

在平台上进行配置的总体流程如图 7-11 所示。

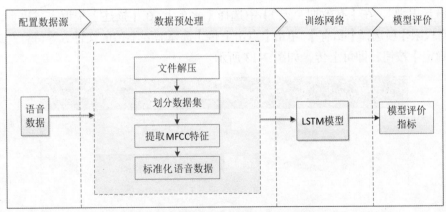

图 7-10　配置语音识别实训的总体流程

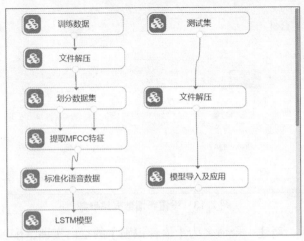

图 7-11　在平台上进行配置的总体流程

7.2.1　配置数据源

由于平台上传文件的限制，本章使用的数据为两份压缩文件，分别为训练集和测试集。使用 TipDM 大数据挖掘建模平台导入数据，步骤如下。

（1）新增数据集。单击【实训数据】模块，在【我的数据集】中选择【新增数据集】，如图 7-12 所示。

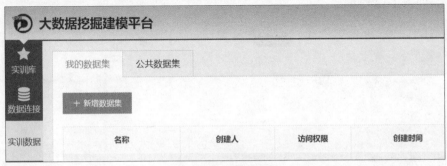

图 7-12　新增数据集

（2）设置新增数据集参数。在【封面图片】中随意选择一张封面图片，在【名称】中填入"语音识别",在【有效期(天)】中选择【永久】,在【描述】中填入"语音识别",在【访问权限】项选择【私有】,单击【点击上传】选择需要上传的文件,等待合并成功后,单击【确定】按钮,即可上传,如图 7-13 所示。

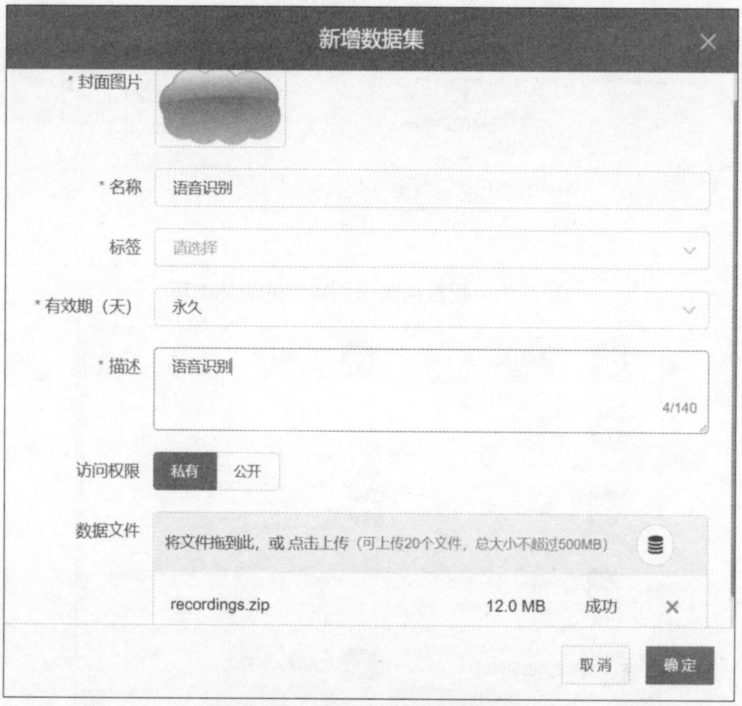

图 7-13 设置新增数据集参数

数据上传完成后,新建一个命名为【语音识别】的空白实训,配置一个【输入源】算法,步骤如下。

(1)拖曳【输入源】算法。在【实训】栏的【算法】栏中,找到【系统算法】模块中【内置算法】下的【输入/输出】类。拖曳【输入/输出】类中的【输入源】算法至画布中。

(2)配置【输入源】算法。单击画布中的【输入源】算法,然后单击画布右侧【参数配置】栏中的【数据集】下的框,输入"语音识别",在弹出的下拉框中选择【语音识别】,在【名称】框中勾选【recordings.zip】。右击【输入源】算法,选择【重命名】并输入"训练数据",如图 7-14 所示。

图 7-14 配置【输入源】算法

7.2.2　数据预处理

本章数据预处理主要是对语音数据进行文件解压、划分数据集、提取 MFCC 特征和标准化语音数据等操作。

1. 文件解压

配置好数据源后，需要对文件进行解压，步骤如下。

（1）配置【文件解压】算法。拖曳【系统算法】模块下【Python 算法】中【预处理】类的【文件解压】算法至画布中，并与【训练数据】算法相连接，【参数设置】栏不做修改，保持默认参数，如图 7-15 所示。

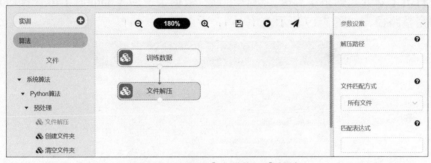

图 7-15　配置【文件解压】算法

（2）运行【文件解压】算法。右击【文件解压】算法，选择【运行该节点】，如图 7-16 所示。再次右击【文件解压】算法并选择【查看数据】，查看解压后文件的完整路径，如图 7-17 所示。

图 7-16　运行【文件解压】算法

图 7-17　查看解压后文件的完整路径

2. 划分数据集

为了在模型训练过程中检验模型的效果，调整模型的参数，需要将训练数据划分为训练集、验证集，步骤如下。

（1）连接【划分数据集】算法。拖曳【个人算法】模块下的【划分数据集】算法至画布中，并与【文件解压】算法相连接，如图 7-18 所示。

图 7-18　连接【划分数据集】算法

（2）运行【划分数据集】算法。右击【划分数据集】算法，选择【运行该节点】。运行成功后，右击【划分数据集】算法，选择【查看数据】下的【output1】可查看划分后训练集文件的完整路径，如图 7-19 所示。

图 7-19　划分后训练集文件的完整路径

3. 提取 MFCC 特征

对划分后的训练集和验证集进行 MFCC 特征提取，步骤如下。

（1）连接【提取 MFCC 特征】算法。拖曳【个人算法】模块下的【提取 MFCC 特征】算法至画布中，并与【划分数据集】算法相连接。

（2）配置【提取 MFCC 特征】算法。在【参数设置】中，在【类别数】下填入模型要分类的类别数，这里为"10"；在【是否划分验证集】下填入"是"；在【保存二进制文件名】下填入"train.pkl"，如图 7-20 所示。

图 7-20　配置【提取 MFCC 特征】算法

（3）运行【提取 MFCC 特征】算法。运行成功后，右击【提取 MFCC 特征】算法，选择【查看日志】，特征提取结果如图 7-21 所示。

图 7-21　特征提取结果

4．标准化语音数据

由于不同量纲的数据会对分类的结果造成影响，需自定义算法对特征数据进行标准化，步骤如下。

（1）连接【标准化语音数据】算法。拖曳【个人算法】模块下的【标准化语音数据】算法至画布中，并与【提取 MFCC 特征】算法连接。

（2）配置【标准化语音数据】算法。在【参数设置】中，在【是否划分验证集】下输入"是"；在【保存二进制文件名】下输入"normalize.pkl"，如图 7-22 所示。

图 7-22　配置【标准化语音数据】算法

（3）运行【标准化语音数据】算法。运行成功后，右击【提取 MFCC 特征】算法，选择【查看日志】，标准化结果如图 7-23 所示。

图 7-23　标准化结果

7.2.3　训练网络

采用自定义的 LSTM 模型进行分类。将打包好的二进制文件作为网络输入,步骤如下。

(1)连接【LSTM 模型】算法。拖曳【个人算法】模块下的【LSTM 模型】算法至画布中,并与【标准化语音数据】算法相连接,如图 7-24 所示。

图 7-24　连接【LSTM 模型】算法

(2)运行【LSTM 模型】算法。运行成功后,右击【LSTM 模型】算法,选择【查看日志】可以看到模型训练过程中的损失,如图 7-25 所示。

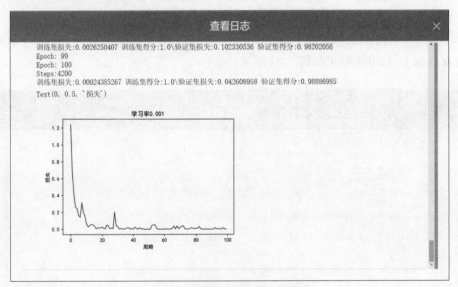

图 7-25　模型训练过程中的损失

7.2.4　模型评估

导入测试集数据并同样进行解压缩,输入读取的模型中,得到测试集的分类结果,步骤如下。

（1）配置【输入源】算法。拖曳【系统算法】模块下的【输入源】算法至画布中，在画布右侧【参数配置】栏中的【数据集】下，输入"语音识别"，在弹出的下拉列表中选择【语音识别】，在【名称】下勾选【test.zip】。右击【输入源】算法，选择【重命名】并将其重命名为"测试集"。

（2）配置【文件解压】算法。拖曳【系统算法】模块下的【预处理】类中的【文件解压】算法至画布中，并与【测试集】算法相连接，参数设置处不做修改，保持默认参数。右击【文件解压】算法，选择【运行该节点】。

（3）连接【模型导入及应用】算法。拖曳【个人算法】模块下的【模型导入及应用】算法至画布中，并与【文件解压】算法相连接，如图 7-26 所示。

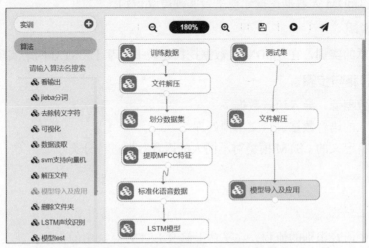

图 7-26　连接【模型导入及应用】算法

（4）运行【模型导入及应用】算法。运行成功后，右击【模型导入及应用】算法，选择【查看日志】可以看到识别结果，如图 7-27 所示。

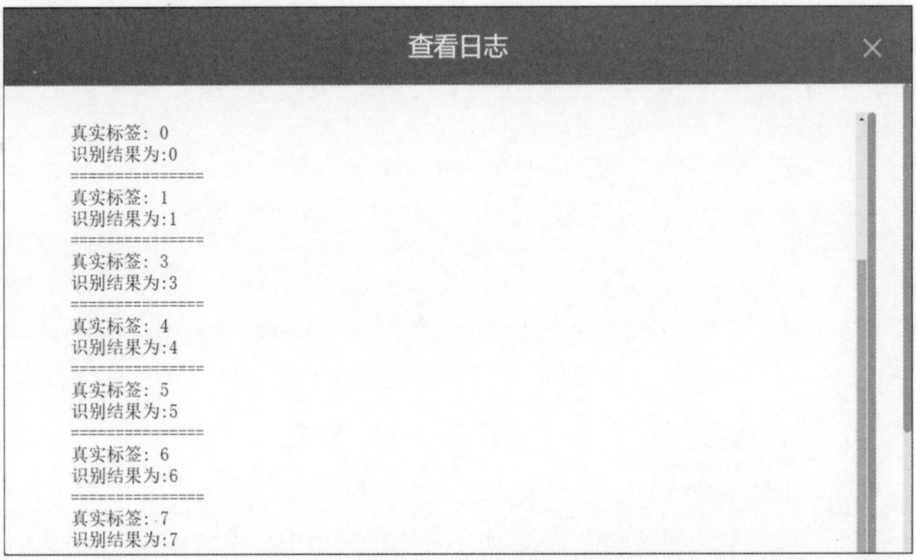

图 7-27　识别结果

小结

本章介绍了在 TipDM 数据大挖掘建模平台上配置语音识别案例的工程，从文件解压开始，再到数据预处理，最后保存训练完的 LSTM 模型，以及在测试集中进行泛化测试。本章向读者展示了平台流程化的思维，使读者对语音识别的了解更加深入。同时，平台去编程、拖曳式的操作，便于没有 Python 编程基础的读者轻松构建语音识别的流程。

实训　实现基于 LSTM 网络的声纹识别

1. 训练要点

掌握使用 TipDM 大数据挖掘建模平台实现声纹识别。

2. 需求说明

参照第 5 章的实训，在 TipDM 大数据挖掘建模平台基于 LSTM 网络实现声纹识别。

3. 实现思路与步骤

（1）配置数据源，导入语音数据。

（2）对导入的语音数据进行文本预处理。

（3）使用自定义的 LSTM 模型对不同人的语音数据进行分类。

课后习题

操作题

参考正文中语音识别的流程，在平台上修改 LSTM 算法中的参数，观察模型的效果。